THE CHILD CODE

为什么你的孩子和你想的不一样

[美] 丹妮尔·迪克 /著

Danielle Dick

王鹏 /译

北京科学技术出版社

著作权合同登记号　图字：01-2023-3734

图书在版编目（CIP）数据

为什么你的孩子和你想的不一样 /（美）丹妮尔·迪克著；王鹏译 . —北京：北京科学技术出版社，2024.6（2024.10 重印）

书名原文：The Child Code

ISBN 978-7-5714-3248-5

Ⅰ . ①为… Ⅱ . ①丹… ②王… Ⅲ . ①人类遗传学②儿童心理学 Ⅳ . ① Q987 ② B844.1

中国国家版本馆 CIP 数据核字 (2023) 第 187569 号

策划编辑：周　浪	
责任编辑：胡　诗	
责任校对：贾　荣	
图文制作：旅教文化	
责任印制：李　茗	
出 版 人：曾庆宇	
出版发行：北京科学技术出版社	
社　　址：北京西直门南大街 16 号	
邮政编码：100035	
电　　话：0086-10-66135495（总编室）	
0086-10-66113227（发行部）	
网　　址：www.bkydw.cn	
印　　刷：保定市中画美凯印刷有限公司	
开　　本：880 mm × 1230 mm　1/32	
字　　数：232 千字	
印　　张：10.75	
版　　次：2024 年 6 月第 1 版	
印　　次：2024 年 10 月第 2 次印刷	
ISBN 978-7-5714-3248-5	

定　　价：69.00 元

推荐序

我是两个孩子的母亲。这两个孩子性格迥异，一个是"社牛"、很活跃，一个相对内向、安静得多。两个孩子在成长中遇到的困难也不一样。有时候，对大女儿行得通的教育方法，对老二就不那么好使。我们当然都知道应该对孩子"因材施教"。毕竟"因材施教"是代代相传两千多年的中华文明的古老智慧。但问题是，"因材施教"的基础是我们对自己的孩子足够了解，知道孩子到底属于哪种"材"，然后才能再说该怎么"教"。

丹妮尔·迪克博士的这本书就是一本"因材施教"的工具书，我们可以拿来就用。本书先提供了一套简单而实用的评估工具，帮助我们对孩子"外向性""情绪性"和"自控力"这三个关键特征进行评估。通过评估，我们就得以了解自己的孩子到底属于哪种"材"。然后，本书又详细介绍了我们对不同性格特点的孩子应该施以怎样的教养方式。高外向性的孩子需要大量的反馈，高情绪性的孩子需要独处的空间，自控力差的孩子需要明确的规则……这种真正"因材施教"的方法，可以让我们从教育焦虑中解脱出来，充满信心。

除了揭示孩子的"性格密码"，书中还特别关注了我们这些家长的性格特点。是啊，不同类型的家长和不同性格的孩子之间的互动，当然也需要相应的默契。本书不仅教我们如何更好地理解孩子，还引导我们认识自己。通过深入分析我们自己的性格特点，本书进一步提供了我们与孩子交往中更丰富的细节建议。如此全面的指导，让我们能够更好地应对与孩子的互动，建立更紧密的亲子关系。

丹妮尔·迪克博士是儿童心理学领域的权威，她所提供的评估工具和教育建议都基于严谨的科学研究成果。所以书中的内容我们可以放心地拿来就用。同时，迪克博士还是一位风趣、接地气的学者。她用幽默的语言，生动地描述了各种性格特点，让本来枯燥的理论变得非常易读，也让我们疲惫的育儿之心得到了温暖的共情。

本书不仅适合家长，也适合教师和其他教育工作者阅读。我由衷地推荐本书给所有和孩子打交道的人。本书不仅是一本教养指南，更是一本了解孩子内心世界的钥匙，一本引领我们在充满挑战的育儿道路上走得更加坚定的指南。让我们一起更好地把握"因材施教"的智慧，为孩子的未来搭建起坚实的基石。

我衷心推荐本书。

冯 雪

2024 年 1 月 16 日

译者序

"你的教养方式会影响孩子一辈子!""永远不要对孩子说这3句话,90%的妈妈每天都在说!""孩子哭的时候一定(不)要这样做,越早知道越好!"——这些让人心跳加速的内容,每天都被大数据算法推送到我们面前。亲朋好友也时常向我们"人肉推送"各种育儿心得:"你们家孩子这么管可不行,以后就完啦,你得……"我们的所作所为对孩子的影响如此重大,让我们感觉如履薄冰。这些铁口直断的育儿理念/经验,大多来自一些带有寓言色彩的案例,比如某人这样教育子女,而后子女考入了名牌大学;某人那样教育子女,而后家庭遭遇不幸/子女锒铛入狱。在教养孩子的路上,我们小心翼翼、草木皆兵,嘴里默念着那些包装在焦虑外壳下的"教养要点",在脑中反复演练着该如何在自家孩子身上实践。

这些教养理念虽然看似那么"正确",但在实际应用中却不那么"万能"。是我们的问题吗?是我们没有读懂吗?还是我们的心不够诚?我们既疲惫又迷茫,只能在夜不能寐中陷入焦虑，并任由大数据算法推送的文章火上浇油。而您手中丹妮尔·迪克（Danielle Dick）博士的这本书就是这种焦虑的解药。

丹妮尔·迪克博士是美国罗格斯大学心理学、人类分子遗传学教授，是世界顶尖的心理学家、科学家。除此之外，她还和我们一样，是一位"不完美"的家长，在育儿时也会抓狂，也会自责。她在本书中指出了为什么那些"正确"的教养理念并不"万能"，还为焦虑的父母们提供了许多经过科学实证的教养策略。在诚恳且幽默的文字背后，本书包含了作者对当前主流教养理念的理性分析。

多年以来，主流的教养理念"聚焦"于父母的教养方式，甚至夸大了教养方式的作用。这些理念在相关行业的推动下使为人父母的我们——教养方式的主要执行者——更加焦虑了（或许制造用户焦虑本身就是这些行业的"财富密码"）。当然，教养方式很重要，但是我们不能轻视另一个影响孩子心理特征的关键因素：遗传。遗传因素造就了我们与生俱来，并且无法抹除的个体差异。那些无视个体遗传差异的教养观念默认孩子们"应该"是差不多的，他们"应该"有着相似的成长结局，也"应该"在成长进程中有着相似的刻度。因此，我们也就"应该"有某种"正确"的教养方式，可以让每个孩子按照"正确"的刻度达成"正确"的成长结局。然而，这种"应该思维"常常在孩子的成长过程中给家庭造成两败俱伤的局面——"正确"的教养方式不好用，要么是孩子的错，要么是其他家庭成员的错。"应该思维"还可能逐渐被孩子内化，让孩子在以后的人生中，习惯于用别人的刻度衡量自己、伤害自己。有的家庭在经过多年的互相折磨后，终于来医院寻求帮助，而有的家庭最终也没能得到帮助。

诚然，在教养孩子这样的复杂挑战面前，我们去关注"更容易改变"的那部分——教养方式（环境因素）是没有问题的，但不要让我们对教养方式的信心膨胀成一种易碎的"全能感"。对此，雷茵霍尔德·尼布尔（Reinhold Niebuhr）说过的话非常适用："请赐予我宁静，去接受我无法改变的；请给予我勇气，去改变我能改变的；请赐予我智慧，去分辨两者的区别。"丹妮尔博士的这本书，就向父母们展现了"分辨可变与不可变"的智慧，以及"接受不可变"的宁静：本书首先帮助父母们通过问卷了解孩子的"不可变之处"（遗传因素），再根据其结果给予调整"可变之处"（环境因素）的建议。这样的智慧能够有效缓解父母和孩子的焦虑，是建立有效的教养方式的重要基础。

本书的评估和教养方案是丹妮尔博士基于大量心理学研究

成果提出的。更加可贵的是，她还在书中提到了科学研究的局限性：真实世界远比心理学实验复杂得多。所以，许多出自心理学实验的结论，也都有待在生活实践中小心检验。这是在科研领域披荆斩棘多年的研究者，外加在"带娃领域"摸爬滚打多年的母亲的肺腑之言，也让我们可以免疫一些断章取义的"科学教养观"。

全书还贯穿着一个坚定而积极的逻辑：我们生而不同，也无须相同；我们生而不完美，也无须完美。在这不同、不完美之上，就是生命的无尽可能性，是生命本来的样子。无论是对孩子，还是对我们自己而言，都是如此。这是我自己多年以来从事精神心理医疗工作的能量源泉之一，也是我一直尽力向身处困境中的人们所传递的信息。

最后，本书包含了如此丰富的教养原则、教养方法，有什么方法可以帮助我们记忆并长期执行呢？书中没有明确提及，但是我们能够读出，也能够感受到：是我们对那个小家伙的爱。这种爱，在我们的基因里，也在我们的心里。

在此，我要谢谢出现在我生命里的两个小家伙，明明和墨墨。本书的翻译工作占用了很多本该和你们在一起的时间。有时候我会想知道你们到底遗传了我哪百分之五十的基因，因为你们都太像我了，但又那么不同。同时，也谢谢多年以来和我并肩作战的妻子在我翻译本书期间给予的督促和反馈。我很期待我们一起在书店看到这本书的那一天。

感谢丹妮尔·迪克博士为我们带来这本轻松、幽默又充满智慧的书。

感谢北京科学技术出版社编辑老师的辛勤工作和专业意见。

感谢读完译者序的您。让我们以本书中的智慧共勉，接纳孩子，接纳自己，活出生命本来的样子。

王鹏

2024 年 2 月 23 日 于北京

中文版序

有了儿子之后，我发现自己正抚养着自己研究中定义的最具挑战性的孩子：高度冲动、高度情绪化的孩子。在我的研究领域中流传着这么一句话：在完成博士学位之后，拥有自己的孩子之前的这段时间里，你对孩子的了解都不会更进一步。研究了十多年的儿童心理与行为，为人父母终于让我的研究走出实验室，进入现实生活。即使拥有心理学博士学位，养育孩子对我来说仍是一项艰巨的任务。

对儿童心理与行为研究的了解拯救了我的理智。但让我惊讶的是，我身边许多聪明能干的家长朋友都在不断地怀疑自己。如果他们的孩子遇到困难，或者他们自己遇到困难，他们就会想自己到底做错了什么。

作为一名新手家长，我开始更多地关注主流的教养书籍及建议。我惊讶地发现，提供给父母的信息与科学研究结果有很多不符之处。这个世界似乎在告诉父母们：我们的每一个行为都是决定性的，如果我们想要养育出一个优秀的孩子，我们就必须成为比孩子更优秀的父母。

在人类的历史中，我们从来没有花这么多时间来主动塑造我们的孩子。这种对教养的高投入正在使父母和孩子付出巨大的代价：夫妻间的幸福感急剧下降，孩子也越来越焦虑。往轻里说，孩子们一直在承受着压力；往重里说，他们简直是一直在被攻击。

问题在于，我们对养育子女的痴迷忽略了一个基本的生物学事实：遗传对人类行为的各个方面都有着巨大的影响。

每个孩子都有一套自己独特的基因密码。了解孩子的"编码"能够大大缓解我们的焦虑，并减轻所有相关人员养育孩子的压力。此外，学会应用孩子的"编码"能够让你成为更有效率的父母。

基因密码从孩子一出生就影响着他们的行为，塑造了他们的气质和性格，包括冲动、自控力、恐惧、焦虑、成瘾、社交能力，甚至是幸福感。基因会影响孩子寻求什么样的环境，以及他们对环境做出的反应。

正如精准医疗旨在根据每个人独特的基因组成对疾病进行预防和治疗一样，本书旨在帮助你识别孩子的性格特征以及天生倾向，学习如何调整自己的教养方式，使之最适合你的孩子。本书还将帮助你了解为什么对一个孩子有效的方法往往对另一个（有着自己独特性格的）孩子无效（这真令人挫败！），以及为什么你的孩子在一定程度上会和你想象中的不一样。

本书分为两个部分。第一部分介绍了遗传因素在儿童行为中的作用，以及每个孩子的基因组成如何以令人惊讶的方式影响孩子的成长，甚至影响孩子的父母！第二部分的开头为你提供了简短的测试，帮助你进一步了解孩子的独特天性。接下来的章节主要涵盖了对儿童个性和行为的不同方面的讨论，介绍了针对不同个性孩子最重要也最有效教养策略。总的来说，我希望能够帮助你识别孩子的遗传倾向（天性），并与之合作（培养），使你的教养策略适应孩子的特殊需求和偏好。

我撰写本书是为了将研究成果带出实验室，让家长们不必查阅专业文献，而在温暖、有趣、引人入胜的氛围里掌握这些知识。我发现自己掌握的知识对自己的育儿实践很有帮助，所以希望其他家长也能获得这些信息，从我的所知所学中汲取力量。希望本书能够帮助父母们更好地理解编码在每个孩子独特的小基因包中的"操作指令"，从而成功应对养育孩子过程中的考验和磨难，享受其中的欢乐。

丹妮尔·迪克

前言

> • • • • ▬▬▬ • • • •

　　为了使科学研究变得容易理解，我将某些复杂的科学文献简化，我认为这是必要的做法。不过，一定会有学术界的同行认为某些部分被我过分简化了，我已经尽量在讲求科学的严谨性及准确性与大众的易读性和应用性之间力求平衡，做出了自认为最好的调配。全书各处都提供了经我挑选的科学参考文献，供想要更深入了解的读者参考。对于需要更多信息的父母，我也在书的末尾提供了一份推荐书单。

　　本书中的测试旨在帮助你更好地了解你的孩子。这些测试大致是基于研究人员用来评估孩子与生俱来的天生气质和性格所使用条目，但绝非是作为正式诊断之用。本书中所提供的信息都不能替代专业的临床建议。并且，我在第 8 章说明了该如何寻找心理健康专家。

目　录

导 言

● ● ● ● ━━━━━ ● ● ● ●

为什么你的孩子和你想的不一样

> 结婚前，我有六种关于养育孩子的理论；现在我有了六个孩子，但是没有了任何理论。
>
> ——约翰·威尔莫特（John Wilmot）（1647–1680）

闭上眼睛，想象你的孩子。

不，不是那个拒绝做作业的小人儿。也不是那个要吃蝴蝶粉不吃通心粉而在餐桌上大发脾气的小孩。

那个你想象中的孩子。

在你有孩子之前。

那个孩子，可能是一个甜甜的、安静的宝宝，依偎在你的怀里。可能是一个可爱的蹒跚学步的小朋友，你推着他／她玩秋千的时候，他／她就会仰着头开心地笑。也许他／她长大后会成为一个运动明星，或者班上的优秀毕业生代表。也许你会梦想着他／她的大学毕业典礼，亦或是婚礼上，他／她将是那个英俊的新郎或者那个红着脸的新娘。我的意思是，我们都会有关于自己的孩子成为什么样的人的想法。

但是，日复一日的育儿工作，实在跟我们的梦想相差甚远，倒更像是在打仗！你的孩子会闹着拒绝穿鞋，让你甚至没法出门去趟公园，而你只能在餐桌上生闷气。其乐融融的家庭旅行？四个小时，你的孩子会连续踢你的椅背四个小时，告诉你他根本不想去。

要把我们的孩子塑造成梦想中的样子怎么就这么难？

当然，对家长们来说，育儿建议倒是不少，有育儿班、育儿博客、育儿视频、育儿杂志、育儿书籍、育儿工作坊的建议。婆婆会教你怎么严抓纪律，闺蜜会教你怎么训练睡觉。这么巨大的信息量已经够吓人的了，但更要命的是，很多信息还是相互矛盾的！人类育儿的历史已经有几千年了，我们怎么还没把这件事弄清楚呢？作为家长，更重要的议题或许是，如何根据经常相互矛盾的建议做出最好的决定。

为何教养如此困难？

其实，这一问题的答案很简单。育儿之所以如此具有挑战性，是因为你的父母、朋友和儿科医生的善意建议都忽略了影响儿童发展的最大因素之一：基因。

高中生物课并没有把全部知识都教给我们。DNA不仅对眼睛颜色是黑的还是棕的，头发是卷的还是直的进行编码，它还对我们的大脑，以及我们最基本的人生观进行编码。它为我们的个性气质、自然倾向以及与世界互动的独特方式奠定了基础。正因为遗传对个体行为和发展的影响如此深远，所以养育孩子没有通用的"正确方式"。养育每个孩子都需要独特的"正确方式"，只有了解了孩子的基因倾向，才能引导他/她成为最好的自己，才能在家里少打些仗。

本书讲的是，如何根据孩子独特的基因组成，找到属于他/她的"正确方式"。这本书可以帮你从成堆的信息中找出真正重要的（和不重要的！）信息，让你不再那么焦虑。我是一位研究遗传学和儿童行为的科学家，更重要的是，我是一位母亲。我也曾深陷泥淖，我之所以得到"拯救"，该归功于我在研究到底是什么在真正影响人类行为时所获得的知识。我写本书就是为了分享这些知识，也为了让你的生活更轻松。

幻想中的完美家长

在人类的历史中，我们从来没有花这么多时间来主动塑造我们的孩子。这种高投入的教养方式有着巨大的代价：让夫妻间的幸福感急剧下降，也让孩子越来越焦虑。往轻里说，孩子们一直在承受着压力；往重里说，他们简直是一直在被攻击。以前，孩子们可以去树林里探险或者在小区附近随便玩耍，只要在天黑前回家就行。但是，这种日子已经一去不复返了。现如今，你要是让孩子一个人去公园玩，那孩子八成会被警察给送回家。甚至在有的圈子里，不监督孩子做作业，或者没让孩子上各种应试的课外班，都会被视为父母对孩子的忽视。

我们允许世界对父母提出了太多太多的要求，并且我们已经将这些要求内化：你的决定不成则败！你的每一个行为都会决定你的孩子是成长为一个社会化程度高、适应力强的人……还是一个悲惨的巨婴！如果你爱你的孩子，你就得把他/她塑造成一个成功的成年人，而你，得能居家陪伴、弄明白各种培训班、选上家委会主席、搞定各种功课（如果你**真的爱你的孩子**，上面这些最好一样都别少）。

有时候，即使同样为人父母，我们也会对彼此施加很大的

压力。我承认我就干过这样的事。我敢打赌，我们每个人都
或多或少经历过这样的事：当看到小不点在商店里大发脾气，
看到大一点的孩子在公共场所狂奔，看到没礼貌的青少年在
跟父母顶嘴时，我们会马上从这些孩子的行为联想到他们父
母的教养方式并且**心生腹诽**：这家长真应该好好管管自己的
孩子！他们需要＿＿＿＿＿＿＿（在此处输入你最喜欢的育儿
建议）。

　　在我儿子出生的头 15 个月里，我确信自己已经弄明白了
如何为人父母。我的孩子可以一次睡上很长时间。他要是哭
了，肯定是有什么需求，而且他很容易就能被安抚下来。我
还记得我很不解，为什么人们会抱怨养育孩子那么困难。当
然，作为一个狂热追求充足睡眠的人，我觉得每天晚上必须
起来喂**一次**奶是挺麻烦的。但这似乎不像听说的那样，值得
新手父母抱怨睡眠严重不足。我读了育儿书，上了育儿课，
我的儿子那么开心。带孩子有什么困难的呢？

　　我当时不了解的是，并不是我带娃带得多么出色，才让
我的宝宝不哭不闹、可以好好睡觉。我只是刚好运气好。真
正让我的孩子在婴儿时期非常好带的原因，**是我的孩子自己**。
即使作为一名研究遗传和儿童行为的科学家，我也曾陷入这
样一个误区：子女被养育得如何——不管是好是坏——都是父

母的原因。这是一种非常强烈的错觉，尤其是当你的孩子表现良好的时候。这很容易让你"居功自傲"，你会觉得孩子的优秀是因为你的卓越付出。但是，如果你的小婴儿是个在夜里睡不好的夜哭郎呢？或者如果你女儿的"可怕的两岁"从六个月大就开始了并且一直持续到十六岁呢？这些也都怪你吗？你是需要读更多的育儿书，还是从婆婆那里寻求更多的意见？在孩子表现"不好"的时候，烦恼的父母们常常开始责怪自己，想知道自己到底做错了什么。但研究表明，孩子的行为更多地是由内心驱动的，而非父母。

20 世纪 30 年代初，一位名叫玛丽·舍利（Mary Shirley）的科学家密切观察了 25 名婴儿在出生后头两年的状况。一开始，她的研究兴趣在于婴儿的运动和认知发展，但在随访这些婴儿的过程中，最触动她的却是被她称为"人格核心"的东西。通过对这些婴儿的持续观察，她注意到，婴儿在出生后很早就表现出了性格差异，这些婴儿在诸如易怒、哭闹、活动水平、对陌生人和环境的反应等方面有着系统性差异。

此外，这些差异似乎在不同环境、不同时间都保持稳定。那些特别爱哭的孩子，不管是在家还是在实验室都会经常哭泣。那些活跃的孩子，无论是在家还是在陌生的实验室，都很活跃。最值得注意的是，孩子们的这些行为差异似乎没有受到家长（在那个年代，主要是母亲）所做的任何事情的强烈影响。

从一开始就独一无二

其实，很大程度上，在受孕的那一刻，也就是当母亲的基因第一次遇到父亲的基因，并混合、匹配创造出一个独一无二的人类胚胎时，孩子行为的很大一部分就已经定型了。所有二胎、三胎的父母都知道，每个孩子都是不同的，并且从刚生下来就不一样。当然，孩子也会有很多共同点。婴儿都会睡觉（可能没你想的那么多）、拉"粑粑"（可能比你想的多），还会哭，还会吃。但在此之外，每个孩子出生时就有自己做小孩的一套方式，而且从一开始就有明显的差异。

发展心理学家将这种行为上的独特性称为**气质**[①]，它根植于基因，也就是每个细胞核中的小信息链，这个小信息链是父母传递给孩子的[1]。这并不是说你没法影响孩子的行为，只是你得意识到，你的影响是有限的——就是说不管你做什么，你只能打好发给你的牌。更重要的是，如果你希望影响孩子

[①] 在心理学中，气质是个人生来就具有的、典型的、稳定的动力特征，是人格的先天基础，并表现在人的认知、语言、情感、行为中。——作者注

趋向某种行为，远离另一种行为，你就必须考虑到他们的基因组成。

基因差异使儿童从一落地就对世界的**反应程度**不同（他们对所遇到的事情会有多么沮丧或多么高兴），对反应的**调节方式**也不同。如果他们不爱吃奶油豌豆，他们是会把盘子扔到房间的另一头，还是只是在顺从地咽下去时做个鬼脸？如果他们坐婴儿车出去的时候看到了一只可爱的小狗，他们会激动得大叫，非得让你停下来让他们和小狗玩，还是会害怕得一个劲儿地躲？

孩子的天生气质，对父母来说极其重要，因为它是高度稳定的。

对儿童进行的长期跟踪研究显示，从 3 个月大的婴儿的恐惧感就可以预测其 7 岁时的恐惧感。从婴儿期的愤怒程度就能够预测幼儿期的愤怒程度。善于交际的婴儿成长为儿童或青少年时仍然善于交际。同卵双胞胎就算是在出生时被分开，由不同的家庭抚养，仍会非常相似。我们在这个世界上的行为方式，很大程度上是基因塑造的。

正如你所料想的那样，由天生气质发展出的性格特征虽然在一生中都是稳定的，但会随着孩子的成长以不同的形式表现出来。社交能力强的婴儿表现为更常与其他婴儿相互咿呀"交流"和互动，并且更爱朝大人笑；而社交能力强的青少年则表现为更喜欢参加聚会，而非在家看书或和至交好友一起看电影。那些胆小的幼儿需要被鼓励着去尝试新玩具或爬上秋千；而胆小的青少年则需要被鼓励才会去参加学校的话剧表演或去参加毕业旅行①。

我的儿子个性非常冲动，小时候就会从很高的树上跳下来，长大一点后就开始问我他什么时候可以买摩托车、喝啤酒（唉，他那时才11岁）。他当然天生就有这样的倾向——他的父亲是一名战斗机飞行员。这印证了，寻求刺激和冒险行为受到基因的强烈影响！

在这件事上，如果你的孩子是那种开开心心、善于交际的小孩，你可能觉得未来可期；而如果你的孩子很胆小或者爱发脾气，这可能就会让你很担心。其实大可不必。有件事你一定要了解：**气质本身并无所谓好坏**。大家可能都会觉得，生一个爱社交、爱笑、开开心心的小宝宝很不错。乐于接触新玩具、新朋友和新环境的开朗宝宝，更容易成长为外向②的

---

① 这里的"毕业旅行"是指美国12年级的学生在开学初进行的旅行。——译者注

② "外向"（extraversion）这个词的词根来自拉丁语extra，意思是"外面"，与之相对的是"内向"（introversion），词根是拉丁语intro，意思是"里面"；这些术语是由卡尔·荣格（Carl Jung）引入的，他相信外向者的注意力朝向外部，而内向者则集中于内部。——译者注

青少年和成人，有着我们所认为的更积极的内涵。但是，善于社交、举止活跃的婴儿也更容易在以后出现控制力方面的问题。他们更容易冲动，当事情没有按他们的想法进行时，会更沮丧。他们更容易在青春期就尝试喝酒，也更容易和朋友一起进行其他冒险活动。

相较之下，虽然胆小的宝宝可能在一开始引起父母的担忧（有时甚至还会让父母感到有点尴尬），但胆小也会降低其冲动性和攻击性。胆小的孩子打架的概率会更低，在青少年时期做出那些不计后果的行为的概率也会更低。不过，胆小的孩子更容易出现悲伤和抑郁的情绪。

所以，重要的是：气质是无所谓"好"与"坏"的。它们只是在基因的影响下呈现出的各种不同特征，每种气质都有其优缺点。不同的气质特征对父母来说是容易还是难以应付，也可能随着孩子成长的不同阶段而有所变化。虽然你家宝宝的暴脾气可能让你挠破头皮，但等他 / 她成年以后，这一特质会让他 / 她勇于对抗不公，那时你就会为此满心骄傲。

气质特征不仅很稳定，而且还与各种生活的挑战和人生成就有关，所以，了解自己孩子在基因影响下的气质至关重要。这也意味着，不存在"一刀切"的育儿方案。养育孩子的本质，其实是"培养"他 / 她独一无二的遗传密码。

　　我们必须承认，确实有一些孩子相比之下更难抚养。如果你亲眼见过患有自闭症或唐氏综合征的孩子，你就能立刻认识到这个简单的事实。除了患病的孩子，那些天生就有某些气质特征的孩子，也会在某些意想不到的方面给父母带来极大的挑战，让抚养变得非常困难。了解了这一基本事实，我们就可以卸下一些负担，也能更好地支持那些面对这种挑战的朋友。

　　如今在医学领域，医生们正致力于根据一个人的基因组成制订个性化的治疗方案。这被称为**精准医疗**，或者**个性化医疗**[2]。这一概念的意思是：每个人的健康状况都是不同的，我们中的一些人更容易患癌症，另一些人更容易患心脏病，还有一些人更容易滥用药物或在心理健康方面遇到挑战；有些药物对某些人有效，但对其他人却是有害的。通过了解每个人独特的基因密码，医生可以知道如何更好地预防问题，并在出现问题时进行治疗。

　　这一概念同样也适用于养育子女。孩子天生的强项和弱项各不相同。你的孩子最可能喜欢什么，他们可能擅长什么，什么可能给他们带来挑战，他们可能面临的风险是什么？觉察这些，可以帮助你了解在抚养孩子时应该在哪些方面集中精力，什么样的教养策略可能最有效，什么样的做法可能是有害的。

对你的第一个孩子有效的东西可能并不适合你的第二个孩子，对你朋友的孩子有效的东西可能对你的孩子却是无效的。

这就是为什么我讨厌"**教养**"（parenting）这个词。一个发展心理学家说这种话听起来可能很奇怪，但是将我们身为父母所做的那些事情称为"教养"（parenting）是有问题的。这暗示着这一切都是父母（parent）的事，而忽视了关系中的另一个关键因素——孩子！良好的教养不仅关系到父母，也关系到孩子。正如医学正朝着个性化医疗的方向发展一样，我们早就应该接受个性化的教养方式了。

诚然，把这一主张成功应用到我自己的育儿实践中，着实花费了我一段时间。这一点在我训练儿子上厕所时尤为明显。在他的日托中心，能自己上厕所是升入 3 岁学前班的必要条件。但在他过完 3 岁生日之后的好长一段时间中，他仍然无意成为一个"大男孩"。他似乎完全满足于穿着尿布，和 2 岁的孩子泡在一起。"巧克力豆！"我的朋友为我指点迷津，"你得给他巧克力豆作为上厕所的奖励。"于是，我引入了这个刺激物，但是，唉，他想要巧克力豆是没错，但他完全不愿意通过上厕所来获得它们。这种做法只是给我们增加了一个日常争吵话题：为什么不能给他巧克力豆，因为他知道我的巧克力豆就放在食品储藏室里！

　　另一位好心的朋友也给我提出了自己的建议：你得找到他的"标准"——找出他喜欢的东西，再以此作为奖励。她的女儿一直在穿哪条裙子这件事上很挑剔。开始上厕所意味着她将拥有一波时尚浪潮。因为不上厕所，她就没有新裙子。显然，这方法有奇效。但当我尝试实施这个方法时，很明显我的孩子宁愿光着身子去日托中心也不愿上厕所。

　　在经历了数周的混乱和流泪（大部分是我的泪水）之后，我恍然大悟，我的孩子最看重的是胜利，他想要的是他能"赢"过爸妈，也就是事情能按照自己的意思来。在我们家里，如厕训练变成了一场关于意志的全面斗争。因为他觉得我是想把这件事强硬地施加给他，所以他也同样强硬地拒绝。不过最终，我觉察到了这种动态的对抗，决定先让自己放松下来。我不再谈论如厕训练，而是继续过我们的日常生活。结果你知道发生了什么吗？在几周后（我相信少不了那位从不讲废话的日托老师的一点鼓励，这位老师已经厌倦给他换尿布了），他开始自己上厕所，然后顺利升上了3岁的学前班。

　　要是我早一点醒悟过来，更多地关注到儿子的气质和性格——特别是他强烈的求胜欲望，我就可以让我们两人都不那么惊慌了。研究表明，对惩罚有更强烈反应的孩子（说的肯定就是我儿子）在父母要求顺从时也更敏感。换句话说，这种孩子你管得越用力，他们反抗得越激烈。而当父母不使用强权策略时，这些孩子更容易顺从。事后看来，我确实对儿子过了 3 岁生日还不会上厕所这件事太担心了！这让我拼命地催促他"解决"问题，而没有退一步想想他到底是如何反应的。其实思考一下就知道，如厕训练是件水到渠成的事。作为一名大学教授，我从来没有见过哪个大学生不会自己上厕所的，这让我很欣慰。最终，他们都学会了。

你孩子的 DNA

在进一步讨论我们作为父母的角色之前，让我们先谈谈孩子的基因组成是从何而来的。穿越回基础生物课。不，不是你解剖青蛙的那一天，而是你学习卵子和精子如何结合成合子^①，然后合子继续分裂和生长，直到形成一个小小人的那一天。

组成 DNA 的化学物质像计算机代码的 1 和 0 一样排列形成基因，这些基因创造了蛋白质的"配方"，蛋白质负责我们身体从血压到行为的所有过程。我们每个人都是由 50% 的来自生母的 DNA 和 50% 的来自生父的 DNA 组成，这些遗传物

---

① 合子：雄性配子与雌性配子结合后的细胞的统称。对人类来说，合子即为受精卵。——译者注

质混合和匹配，形成每个独一无二的孩子。孩子从父亲和母亲那里各继承 50% 的 DNA 是随机的，每个孩子得到的都不同，这就是为什么你的孩子有些特征看起来更像你，而有些则更像他 / 她双亲中的另一方。父亲及母亲随机一半的 DNA，结合起来就组成了让每个孩子都独一无二的基因密码，就算孩子有兄弟姐妹 (他们也从父母那儿继承了独一无二的基因组合)，他们的基因密码也不会相同。

兄弟姐妹通常比随机选出的两个人更相似，因为他们的遗传基因变异子集来自同一个基因库。兄弟姐妹平均有 50% 的遗传物质是相同的。但由于人类基因组由约 30 亿个单位的 DNA 组成，所以即使是在兄弟姐妹之间，这么庞大的基因组也给不同的组合留下了很大的空间！目前地球上有 76 亿人，(基因) 变异的数量令人眼花缭乱。根据独特的基因变异组合，你的孩子可能看起来要么像一个迷你版的你，要么会让你怀疑在医院的时候是不是被抱错了！

但除了在怀孕期间进行基因测试以排除重大问题外，大多数人对基因这方面并没考虑过太多。我们有孕妇装要买，有儿童房要装修，还有那么多的婴儿床、汽车安全座椅和婴儿推车得去挑呢。

当然，还有育儿班。大多数产科医生是在女性怀孕 6~8 周，第一次做产检的时候才会正式确认妊娠，但是育儿网站会建议你在第9周就开始参加各种"预备课程"，比如分娩准备、母乳喂养、新生儿护理和二胎预备的课程。接下来的三个月是产前瑜伽课，分娩计划课，然后是分娩教育课程（显然这跟分娩准备课程还不是一回事）。连我这个大学教授都觉得这些课太多了！

不可否认，我也参加了相当一部分的育儿课程，老实说，这些课程确实让我感觉一切尽在掌握。我是包襁褓的标兵，我的孩子在1岁之前的大部分时间都被裹得比墨西哥卷饼还紧。我也就有关宝宝大大小小的各项决策做了大量的功课。

但是，所有这些你为了小家伙学习的课程、做出的决定，都造成了一种"一切尽在掌握"的错觉，这也是"育儿神话"的开始。那些教你如何哄婴儿入睡、如何喂奶、如何安抚哭闹宝宝的图书，都在传递一种信息：只要你做好功课，你就会知道怎么让你的宝宝按时睡觉、吃饭，按部就班地遵守时间表上的一切安排。先学一学做法，再有效地实施，瞧！快乐、健康的宝宝就养成了！还有爬行、走路、出牙、如厕训练……有无尽的信息涌入父母的生活，给父母提供这些孩子发展关键阶段的所有养育要领。从受孕到婴儿出生，不知什么时候，我们把潜在的生物学因素给完全忽视了——事实上，你的孩子如何生活，很大程度上是由那些基因编码决定的。

　　但是不妨想一想，在你参加那些育儿课程的时候，孩子在你的肚子里干什么呢？孩子在成长、在发育，并且基本上没有你的指导。他们的基因密码指导着他们的发育——手臂、腿、手指和脚趾、内脏、大脑——所有这些都不需要父母任何一方有意识的引导。我们习惯把注意力放在我们可以控制的事上，比如挑选婴儿床和汽车安全座椅，这是很自然的事。不过，当我们在准备婴儿房和学习包襁褓的时候，必须要记住，与儿童发展有关的真正重要的事，绝大部分不需要父母的指导就会自然发生。那些事都已经内建在我们孩子的 DNA 里面了。

　　这并不是说你为孩子提供的环境不重要。科学家可以在实验室里提取出 DNA 序列，但光是这样并不能制造出一个小人来。这小小的 DNA 编码需要你，而且你可以做很多事情来帮助它：良好的产前营养、健康的生活方式和低水平的压力对发育中的胎儿来说都很重要。相反，使用药物和暴露于环境毒素中会对胎儿的发育产生严重的不良影响。作为父母，你当然希望尽你所能为宝宝的发育提供最好的环境。作为母亲，你可以采用健康的饮食方式、补充该吃的维生素、锻炼身体。如果你是那位重要的另一半，那么你可以为你怀孕的伴侣提供一个充满爱、支持和无压力的环境。

　　在怀孕期间，我们会意识到我们能做的只有这么多，能掌控的只有这么多。我们的宝宝一直在长大，我们对宝宝的成长惊讶不已。但是，一旦宝宝蹦了出来（向所有做母亲的朋友致歉，她们提醒我，分娩过程远不仅仅是宝宝"蹦了出来"），不知何故，我们就忘记了孩子在整个童年的发展同样受到遗传因素的影响，而这个因素正是我们在为人父母时需要考虑的。

提供适应孩子天性的教养

经过数百年关于"先天 / 后天"的争论，我们现在知道，先天与后天是一种错误的二元论。它们不是一种"非此即彼"的关系，而是一种"兼而有之"的关系——先天的基因和后天的环境各自扮演特定的角色，对孩子几乎所有的行为表现都发挥了作用。但问题就在于，现在的父母将注意力几乎全部集中在后天方面，而相应的先天方面没有得到应有的重视。就这样，我们给自己施加了前所未有的压力，认为我们需要更多地参与孩子的发展过程，而其实我们真正该做的是**更明智**地参与。

这是挑战也是机会，进化生物学家爱德华·威尔逊（E.O.Wilson）用一句话很好地做了总结：基因对环境影响起着约束作用，但是，这是一种很有弹性的约束。换句话说，基因不是既定的命运，父母并不是无能为力，两方面都不可忽视。孩子不是等着用心良苦的父母来书写的一张白板。通过认识你的孩子真正是什么样的人，通过了解他／她与生俱来的独特基因密码，你可以让你的影响与他／她的自然倾向产生共鸣，帮助他们成长为最好的自己。

如何使用这本书

本书的第一部分是关于这种新颖的育儿方法背后的科学依据。第一章将向你介绍一些重要的研究，它们改变了我们对人类行为背后成因的理解，并揭示了遗传学对儿童行为的广泛影响，以及教养的局限性（如果你不太关心这类研究，并且愿意相信我所说的，你可以跳过这一章）。第二章将帮助你了解孩子的基因密码是如何影响他们的发展、人格、行为以及他们与世界互动的方式的。如果你想成为更高效的（并且压力小得多的）养育者，这将帮助你理解，为什么了解孩子的遗传倾向如此重要！本书的第二部分会把重点放在孩子身上。第二部分包含了多种关于孩子行为、个性倾向的调查，可以帮助你评估孩子的遗传特质。然后，我将带你了解如何利用这些信息，帮助你具体针对你的孩子调整教养方式，让他们得以发挥潜力并避开危险。最重要的是，有了这些信息，我们可以开始学着放松心情并获得信心，让育儿更快乐。那么，让我们开始吧！

要点

- ◆ 孩子的基因在塑造他们的大脑和行为方面起着核心作用。

- ◆ 教养建议往往相互矛盾，因为这些建议忽视了一个重要事实：每个孩子的行为都受到其遗传特质的重要影响。这就是为什么对一个孩子有效的东西可能对另一个孩子无效。

- ◆ 了解孩子的遗传特质可以帮助你更好地养育独一无二的他/她，支持他/她发挥潜力并应对挑战。此外，还可以让你和孩子建立更和谐的亲子关系，减轻教养压力。

第一部分

你所需要知道的，关于人类行为科学的一切知识

（一文观止，别无他求）

第一章

先天与后天：科学时代

让我们从最初开始：人们都认为父母在塑造孩子行为的过程中起着关键作用，这一根深蒂固的观念是从哪儿来的？

对父母角色的广泛重视（和误解）可以追溯到儿童心理学领域的起源。作为家长，你觉得自己花了很多时间来试图了解自己的孩子，但是这还不够久——研究者们**数百年**来一直都在做这件事。1787 年，德国哲学家迪特里希·蒂德曼（Dietrich Tiedeman）发表了关于儿童发展的第一份报告，这份报告记录了他儿子在出生后 30 个月里的行为历程。蒂德曼深受 17 世纪哲学家约翰·洛克（John Locke）的影响，后者相信我们的生命最开始都是一块白板，我们的发展完全取决于自身成长的经验。近 100 年后，另一位德国教授威廉·普莱尔（Wilhelm Preyer）出版了《儿童的心灵》（*The Mind of the Child*）。这一著作描述了他自己的女儿在出生后头几年里的发展过程，并且经常被视为现代儿童心理学的开端。

这些早期的"婴儿传记"记述了对单个儿童成长的观察。由此开始，儿童心理学领域逐渐扩展到对小规模的儿童群体进行研究，广泛观察这些儿童在各个阶段的发展过程。随着时间的推移，发展心理学家开始注意到父母的角色在儿童成长过程中的作用，因此，研究对象也开始涵盖孩子的父母。在这一演变过程中，儿童发展研究的核心特征始终如一，即该领域一直以**观察性研究**为基础。但这一研究设计有着巨大的局限性，也是导致现今父母过多地看重自身在教养子女过程中作用的主要原因。

传统的家庭研究及其局限性

这看起来天经地义：如果你想了解父母对孩子的影响，你就应该直接去研究父母和他们的孩子。到目前为止，学界已经有了数千项（甚至更多）关于亲子的研究，而它们构成了大多数育儿建议的基础。在这些研究中，研究人员会要求父母汇报教养方式，并对孩子的某些特定结局指标进行测量。有时，研究人员要求孩子汇报自己和父母的情况；有时，研究人员要求父母汇报自己和孩子的情况；有时，研究人员也会从其他人（比如教师或其他照料者）那里获得信息。

这些研究一致发现，父母的教养方式与儿童发展情况之间存在相关性（衡量联系程度的一种统计学指标），这些发现通常被当作是证明父母能够塑造儿童行为的证据。例如，其中一项发现就是：实施正向的教养方式对孩子有好处，比如在父母温暖呵护下成长的孩子，会较少出现情绪和行为问题；相反，严厉或变化无常的教养方式会使孩子出现更多的行为问题。瞧！这就证明了父母教养的重要性，对吗？

别着急。

当然，我们有充分的理由来温暖地对待孩子，并用一致的、积极的方式来抚养他们。学术界确实有关于这类主题的研究，但问题在于，它们常常被（错误地）理解为是父母的行为导致了孩子的行为。

这种逻辑存在一个缺陷，可以归结为我们在高中科学课上学到的一个基本原理：**相关性不等于因果关系**。换句话说，两件事是有联系的并不意味着是一件事导致了另一件事。

做出因果归因的最佳方法是进行对照研究。但这对儿童心理学家来说非常困难，因为他们不能通过试验将孩子分配给不同的父母。假如（只是假如）我们可以将孩子们随机分配给规则宽松和规则严格的父母抚养，这样我们就能检验教养规则的差异是否与孩子的行为差异有关了。"随机分配"也意味着要将不同类型的孩子同时分配给家规宽松、家规森严的试验组，这样才能帮助我们更明确地得出结论：任何差异都是源于不同的教养方式。这种随机试验设计也是一种用来评估干预措施或新药是否有效的方法。

但是，我们在亲子关系中观察到的相关性无法确实地验证任何因果关系的存在，因为相关性无法提供关于影响趋势的信息。**也许**当父母热情对待孩子时，孩子会表现得更好。**也许**当父母对孩子苛刻时，孩子会变得更具攻击性。不过，反过来讲，表现更好的孩子会从父母那里得到更多的温暖，也挺合理的。与闷在被子里、拒绝起床时相比，当我的孩子乖乖穿好衣服、在门口静静等待上学时，我会感到更暖心，更容易当个温柔的好妈妈。爱一个快乐乖巧的孩子要比爱一个发脾气的孩子容易得多！同样的逻辑也适用于父母如何对待孩子的不当行为：对更具攻击性的孩子，父母可能同样会进行更严厉的管教，以努力改善孩子的行为。也许，如果这些孩子没有出格行为的话，这些家长也会和蔼可亲。在这些逻辑中有一个关键的问题，那就是当我们发现教养方式和孩子的行为表现之间存在相关性时，我们无法知道哪一种关联是正确的。**是父母的教养方式导致了孩子的行为，还是孩子的行为驱动了父母的教养方式？**

这一区别太重要了，因为将父母和孩子之间的相关性曲解为教养的因果关系已经对人们的观念产生了深远的影响。一个特别突出的例子就是长期以来看待自闭症的方式。医学专家最初认为孩子的自闭症是由母亲的冷淡导致的，是由于她们与孩子互动的方式不正确。之所以得出这一结论，是因为研究人员观察到，自闭症儿童的母亲不像一般母亲那样对孩子微笑，与其说话、玩耍。母婴间缺乏互动与自闭症之间的确存在着相关性，但是研究人员却错误地得出结论：母亲的冷淡会导致孩子罹患自闭症。最终，通过对这些家庭进行长期随访，研究人员发现，那些自闭症孩子的母亲，与没有自闭症的孩子的母亲起初都是一样的，她们与孩子的互动并没有太大差别。但后来，罹患自闭症的孩子没有像大多数正常婴儿那样，对母亲的信号做出反应——这些婴儿没有嘎嘎笑，没有和母亲保持眼神接触，也没有表现得很享受这种互动。因此，随着时间的推移，妈妈们主动与孩子互动的次数也就越来越少了。这根本不是母亲的行为影响了孩子，而是孩子的行为影响了母亲。

对孩子和父母进行纵向研究 ① 是梳理教养方式是否真的具有某种影响趋势的方法，因为研究人员可以在记录下孩子最初的状态后，再验证父母的行为是否会影响孩子将来的行为，反之亦然。当研究人员对父母和孩子进行这种研究时，他们发现了令人惊讶的事情：儿童行为对父母随后的教养方式的影响通常比教养方式对儿童行为的影响更大。换句话说，**孩子对教养方式的塑造作用大于教养方式对孩子的塑造作用。**

例如，在儿童发展研究领域十分出色的几位学者曾经组织过一项大型研究：他们对来自9个国家（中国、哥伦比亚、意大利、约旦、肯尼亚、菲律宾、瑞典、泰国和美国）的近1300名儿童及其父母进行了跟踪调查[1]——研究对象代表了全世界12个文化群体。研究人员在孩子8岁、9岁、10岁、12岁和13岁时对他们的家庭进行了研究，并检测了父母的教养行为与孩子情绪、行为问题之间的双向影响。他们发现，在所有文化群体中，孩子都对父母随后的教养方式有很大影响：孩子的情绪或行为问题越突出，在下一个年龄点时父母对孩子的热情就越少、控制就越多，即使通过实验设计考虑

① 纵向研究又称追踪研究，指在一段相对长的时间内对同一个或同一批被试进行重复的研究。——译者注

到问题发生前儿童和父母的行为因素，结果也是如此。相反，几乎没有证据显示可以从父母的教养方式预测孩子未来的行为。父母温暖或严格的程度对孩子将来出现情绪或行为问题的可能性并没有显著影响。这项研究强调了孩子是如何进一步推动教养方式的，并验证了是父母对孩子的行为做出了反应，而非父母塑造了孩子未来的行为——这一发现在全球范围内是一致的。

将亲子关系之间的相关性解释为是父母的行为**导致**了孩子的行为，或者反之，还存在着另一个问题。那就是还可能有某些因素同时影响着孩子和父母的行为，使得两者看起来相似，即使两者中一方的行为并没有直接影响另一方。我们将这些因素称之为"**第三变量**"。思考一下这个例子：买冰激凌与戴太阳镜之间具有相关性。这是否意味着吃冰激凌会让人戴上太阳镜？还是戴太阳镜让人吃冰激凌？当然都不是。吃冰激凌和戴太阳镜之所以相关，是因为还有其他变量同时影响着这两种行为——即还有第三个变量在起作用：酷热的艳阳天。高温天气使人们更可能吃冰激凌和戴太阳镜。而在亲生父母和孩子之间的相关性中，这个第三变量——可能同时影响父母和孩子行为的另一个因素——是他们共同的基因。

正如前面讲的例子，我们知道行为和情绪是受基因这个"第三变量"影响的。所以，当我们发现父母的温暖和蔼与孩子的正向行为相关时，有三种可能的解释：①父母的温暖让孩子表现得更好；②表现良好的孩子会让父母对他们更好；③因为基因会影响行为和情绪，而父母和孩子共享基因，所以这种相关性纯粹是这一事实的副产品。关于第三种解释，举例来说就是，父母如果携带良好行为的基因（让他们更可能成为积极、温暖的父母），就更有可能将良好行为的遗传倾向传给孩子。我们也知道攻击性是受基因影响的，因此父母严格的纪律与孩子更高的攻击性相关可能是因为：①父母严厉的纪律导致孩子更具攻击性；②孩子的高攻击性使他们的父母更加严厉地管教他们；③严厉的父母更可能携带与高攻击性相关的基因，因此，他们的孩子也更可能携带使他们更具攻击性的基因。这些可能性并不是相互排斥的，实际上，它们可能在共同发挥作用。（记住，你孩子的基因是通过随机组合而来的，其中只有50%的DNA来自你，而另外50%的DNA来自你的伴侣。这就是为什么无法保证你的孩子会继承你所有最理想的——或最不理想的——特征。）

简言之，当我们看到教养方式和孩子的某种行为之间的相关性时，我们很容易得出结论：父母正在影响着他们的孩子（很多儿童"专家"也是这么认为的！）。但同样有可能的是，孩子正在驱动着父母的行为，或者父母和孩子之间的相似性仅仅是由于他们共同的基因组成。也许，即使没有优秀或行为不良的父母，孩子同样也会优秀或行为不良。然而，如果没有一个完备的实验设计，我们就无法真正地了解其中的关联。我们知道，某些因素会让教养方式和孩子的表现产生关联，我们只是不能确定它们是什么。幸运的是，我们可以通过一些巧妙的自然实验，来研究孩子的基因在多大程度上推动了其行为，以及父母的影响在多大程度上起到了实际的作用。这些实验能够让我们一窥基因和环境可能对孩子的成长产生的影响。

收养研究：基因的作用开始显现

收养研究是最初始也是最理想的自然实验①，它让科学家们可以区分基因的作用和环境的影响。在我们讨论父母和孩子之间的相关性（以及这些相关性如何让我们弄不明白父母教养实际上发挥了多大作用）时，我指的是**在生物学上有关系**的父母和孩子。如果父母和孩子在生物学上有亲缘关系，

---

① 自然实验指一种受试个体、群体，被自然地或被其他非观察者控制因素暴露在试验或控制条件下的一种试验研究方法。——译者注

并且共同生活在同一个家庭环境中，这时尽管他们看起来有相似性，但是你无法确定这种相似源自何处——是共同的基因还是家庭环境的影响？但在收养家庭中，基因和环境就分开了。被收养的孩子（由非亲属抚养）继承到的基因来自亲生父母，而后者并没有给孩子提供生活的家庭环境，孩子的家庭环境是由与之无基因关联的养父母提供的。换句话说，基因和环境这两种因素在收养家庭中有着完美的自然分离！生物学父母提供基因，养父母提供环境。

这意味着研究人员可以从收养儿童、他们的亲生父母和养父母（有时还有兄弟姐妹）那里收集数据，以了解遗传倾向在多大程度上起作用，以及家庭环境有多重要。收养儿童的行为更像他们的亲生父母（这意味着基因因素比较重要），还是更像他们的养父母（这意味着与教养方式相关的环境因素更重要）？这就是可以将基因影响与教养环境影响区分开来的自然实验。很酷吧？

收养研究可以揭示人类行为的成因，最有力的例子之一就是关于精神分裂症的案例。精神分裂症是一种严重的精神障碍，影响着世界上约1%的人口，患者会出现幻觉和/或妄想。与自闭症非常相似，医生们最初认为精神分裂症是由"坏"母亲引起的（所有的事都怪到母亲头上，唉）。在这种背景下，她们被称为"精神分裂症母亲"，被认为没有为孩子提供充分的情感依恋，是冷漠、无情的母亲。那时的理论认为，就是母亲不良的态度和行为导致了孩子罹患精神分裂症。花一分钟想象一下吧：你的孩子患上了严重的疾病，这种病使他们与现实世界脱节，而因为你是孩子的母亲，**人们还会告诉你这一切都是你的错**。想象一下，那会多么可怕。首先，你会看到你的孩子那么痛苦，然后，雪上加霜的是，人们会说这都是你的责任！不幸的是，这样的事不仅仅发生在孩子患精神分裂症（或自闭症）的情况中。直到20世纪50年代，大多数医生都还认为孩子的绝大多数心理和行为障碍都是由于父母的失职造成的。但是，随后出现的收养研究改变了人们的看法。

20世纪60年代末，有研究者发表了一项研究[2]，这项研究跟踪调查了50名儿童，他们都是在1915–1945年间，在美国俄勒冈州医院由患有精神分裂症的母亲们生下的孩子。所有孩子都在出生后的头几天内与母亲分开，并被没有精神分裂症的父母收养。研究人员在这些孩子30多岁的时候对他们进行了跟踪调查，将他们与生母没有精神分裂症病史的收养儿童进行了比较。研究者发现，尽管没有与患有精神分裂症的母亲接触，但是在那50个孩子中仍然有17%患有精神障碍

（debilitating disorder）。换句话说，携带精神分裂症基因的儿童，即使不在亲人患有精神分裂症的环境中成长，仍有近五分之一的人发展出了这类疾病，而一般人群发展出这类疾病的比例仅为百分之一。在这项研究中，生母没有精神分裂症的对照组儿童，没有一个人患上精神分裂症。这是第一个强有力的证据，表明基因在精神分裂症的发展中起着重要作用——孩子会患上这种疾病完全不是父母教养方式的问题。如今，我们都知道精神分裂症是一种高度遗传性疾病，遗传率约为80%[3]。

这项收养研究非常清楚地表明，患精神分裂症是遗传因素而非教养方式导致的。不仅是像精神分裂症这样的严重疾病显示出了生物学的作用，几乎所有采用收养设计的研究——从酒精问题[4]到婴儿羞怯问题[5]，都明确证明了遗传效应的作用。孩子在所有行为结果上都表现得像他们的亲生父母，**即使他们不是由亲生父母抚养长大的**！我们的基因编码就是这么强大。

但是，父母们，不要绝望——孩子的命运并不**全**取决于他们的基因。收养研究也指出了家庭环境的重要作用[6]。例如，瑞典的一项收养研究调查了犯罪行为[7]：是什么让一些孩子更容易触犯法律？瑞典是世界上一些规模最大的收养研究的发起地，因为该国的人口档案系统记录了所有在瑞典出生或生活的个人的家庭关系信息，包括出生和收养信息。这些家庭信息可以与许多其他国家的个人信息数据库连接起来，从健康记录、住院记录、处方药登记，再到犯罪记录。（当我谈到我们能够借助北欧国家的个人信息数据库在这些国家进行研究时，美国人总是大吃一惊；这是一种完全不同的文化心态，社会高度重视推动科学研究[①]。）在这些国家数据库里，基于个人信息登记追踪到的所有数据能够帮助研究人员调查被收养的孩子与他们的亲生父母、养父母有多相似。

为了更好地了解反社会行为的影响因素，研究人员从瑞典犯罪登记处（Swedish Crime Register）收集了关于收养儿童及其亲生父母和养父母的刑事定罪信息。他们发现，那些被收养的儿童，如果其亲生父母有犯罪记录，那么即使他们不是由亲生父母抚养长大的，也会表现出较高的犯罪率。虽然并不存在直接让人实施犯罪行为的基因，但请回忆一下在导言中提到的内容，攻击性和冲动性等个性特征出现于生命早期，

---

① 在美国，系统性种族主义（systemic racism）等势力深刻地影响着刑事司法系统的参与度。瑞典则是一个更为同质化的国家，没有这些类似的问题，因此研究人员更有可能对需要借助刑事司法系统参与的因素进行更公正的研究。——作者注

它们属于非常稳定的、受基因影响的气质因素，不难想象，这些特征与触犯法律的概率有关。

还有一个重点是，这项收养研究的研究人员还根据**养**父母和兄弟姐妹是否有刑事定罪，以及收养家庭是否有离婚、死亡或疾病等因素，创建了一个"环境风险评分"系统，并假定这些因素都是环境压力源。结果表明，环境风险的增大也与收养儿童犯罪率的升高有关。换句话说，这些证据表明，在孩子的犯罪行为上，基因**和**家庭环境的影响都很重要。

收养研究为分别探究基因和环境对儿童成长的影响提供了一个很好的实验与理论基础，但也存在局限性。首先，收养变得越来越"开放"，因此被收养人与亲生父母在一定程度上会保持联系。这就干扰了"纯基因无环境"与"纯环境无基因"这两个自然分离条件。其次，另一个混杂因素是被收养的孩子的产前环境是由他们的生母提供的，所以研究人员无法把产前环境效应和基因效应分开，而只能从孩子出生后被安置到收养家庭之后开始研究环境影响。

也许，当今进行收养研究的最大挑战之一是，在世界上的许多地区，收养越来越罕见：这一定程度上是因为人们对婚外怀孕的耻辱感减轻了。因此，除了从大型国家个人信息数据库中搜集数据之外，我们很难在他处获得可以进行收养研究的信息。以瑞典的这项研究为例，它的结论仅仅出自对国家数据库的分析。

双生子（双胞胎）研究：了解基因影响的有力方法

　　幸运的是，还有另一种精妙的自然实验，让我们可以研究基因和环境的影响力，那就是双生子研究。在收养研究越来越难进行的时代，对双胞胎的研究越来越普遍了。从各种角度讲，双胞胎现象都是很有趣的。想象一下，你和另一个几乎一模一样的人能够同时在这颗星球上走来走去！如果你有一个同卵双胞胎兄弟 / 姐妹，那你一定更深有体会。双胞胎分两类，分别为**同卵双胞胎**和**异卵双胞胎**。同卵双胞胎的形成是单个卵子同精子结合，形成合子，但在细胞分裂的某个阶段，由于某种尚未完全了解的原因，这一合子分裂为了两个。瞧！这就出现了基因一模一样的两个人！

　　严格来讲，科学家和医学专家并不称他们为同卵双胞胎，而是**单卵**（MZ, monozygotic）双胞胎，*mono* 的意思是"一"，指他们是由一个合子发育而来的。正因如此，他们的遗传物质100%相同，DNA序列也一模一样。而且由于基因完全相同，单卵双胞胎的性别也一定相同（要么是两个男孩，要么是两个女孩）。

另一种类型的双胞胎是异卵双胞胎，或者用科学的说法：**双卵**（DZ，dizygotic）双胞胎。之所以这样命名，是因为他们源自两个合子（*di* 在希腊语中是"二"的意思）。双卵双胞胎是由两个卵子分别受精而产生的，就像普通的兄弟姐妹，只是由于受精是同时发生的，所以他们共享一个宫内环境，也因此年龄相同。双卵双胞胎有 50% 的遗传物质是相同的，因此，双胞胎的性别可能相同，也可能不同。

双胞胎现象提供了很好的自然实验条件，因为他们本质上属于两"类"年龄相同的兄弟姐妹，他们共同成长在同一个家庭，由相同的父母抚养——区别在于他们基因组合的相似程度是不同的。从事双生子研究的科学家们会从数千对双胞胎中收集数据（包括单卵双胞胎和双卵双胞胎），然后比较单卵双胞胎之间的相似程度，以及双卵双胞胎之间的相似程度。如果某种特征完全由家庭环境决定，那么虽然双卵双胞胎之间遗传物质的相似度低于单卵双胞胎，但这一特征在双卵双胞胎之间也应该是相似的。

例如，如果是因为父母患有酒精使用障碍[①]，从而增加了

[①] 酒精使用障碍（alcohol use disorder）是一种慢性复发性障碍，为最常见的物质使用障碍之一，包括强迫性的酒精寻求和失去控制的酒精摄入，以及在戒酒期间出现消极情绪和躯体适应不良等。——译者注

酒精滥用的环境因素——可能是因为家里有更多的压力源或更容易接触到酒精，那么，无论家里兄弟姐妹的基因差异有多大，他们都应该表现出酒精滥用问题的增加。换句话说，如果滥用酒精问题完全是由环境因素造成的，那么你把任何两个孩子放在一个父母酗酒的家里，他们酗酒的概率都会增大。当然，出于伦理，我们不可能这么做，但是双胞胎现象在这一研究问题上是个特殊情况：孩子由同样的父母抚养长大，部分孩子（单卵双胞胎）之间的基因差异小于其他孩子（双卵双胞胎）之间的基因差异。

另一方面，如果酗酒问题不仅仅受环境因素的影响，也与其基因组成有关，那么单卵双胞胎摄入酒精的情况应该比双卵双胞胎更相似，因为他们的基因更相似。不仅如此，如果某方面完全是由基因决定的，那么我们可以预期单卵双胞胎在这方面的表现应该大体相同（相关系数为 1.0）才对，因为他们所有的遗传信息都一致；而双卵双胞胎应该是一半相似（相关系数为 0.5），因为他们的基因只有一半是一致的。研究发现，单卵双胞胎几乎任何行为都比双卵双胞胎更相似，这告诉我们，行为是受基因影响的。

最后，如果单卵双胞胎的发展并不完全相同（实际上，他们在性格和行为上的许多方面都不完全相似，这也是科学家不喜欢称之为"同"卵双胞胎的原因），就说明一定有其他随机的环境因素在影响着他们的某种特质。例如，双胞胎之一可能经历了车祸或失恋等生活压力，而另一个没有，或一对双胞胎各自有着不一样的朋友群体。简言之，当单卵双胞胎在研究结果上表现出差异时，我们并不知道到底他们为什么不同；我们只知道一定有某种环境因素在起作用，使他们不同，因为他们的基因几乎是完全一样的。

现在，关于收养和双生子的研究已经有数千项了，涉及了你能想到的每一种行为。这些研究遍布世界各地。许多国家都建立了基于出生记录的国家双胞胎数据库[8]，芬兰、挪威、丹麦和瑞典的一些大规模研究就引用了那里的数据。我参与了一项纳入了1万多对双胞胎的研究[9]，涉及10年中在芬兰出生的所有双胞胎，我们从他们12岁起一直随访到他们步入中年，以了解酒精滥用问题的发展过程。荷兰也有一个大型双胞胎数据库[10]，这个数据库包含大约12万对双胞胎的个人信息，其中一部分双胞胎在幼儿时期就登记了信息，并在3岁、5岁、7岁、10岁和12岁时与他们的父母一起接受了随访，提供了有关儿童早期行为发展的信息。其他大型双胞胎研究则是通过定向招募进行的，比如在美国，有几个州用驾照系统或出生记录系统建立了双胞胎数据库，研究人员可以利用这些地方的数据库进行研究。我目前任教的大学就建立了一个这样的双胞胎数据库，涵盖范围包括美国大西洋中部的七个州[11]。研究人员利用这些数据库的信息开展的研究涉及了药物使用和精神疾病[12]、人格与智力[13]，还有离婚[14]、幸福感[15]、投票行为[16]、宗教信仰[17]、社会态度①[18]，以及几乎所有你能想到的课题！为了弄清楚基因和环境因素对某种行为的影响，几乎每一种课题都有人通过双胞胎（和/或收养）研究的设计方式来进行研究。

所有这些研究得出的总体结论是，**几乎所有东西都受到基因的影响**。单卵双胞胎（拥有完全相同的基因密码）几乎一定比双卵双胞胎（只有一半相同的基因密码）更相似，尽管两对手足都是在各自的家庭，由相同的父母抚养的。以下这些来自各种儿童行为研究的相关性指标，能够代表双胞胎研究成果中的一般情况。我们回忆一下，双胞胎之间的相似程度是通过相关性来衡量的，其范围从0到1，数字越大表明双胞胎特征越相似、行为越一致，而0则表示完全不同。一项关于自控力的大型研究发现[19]，单卵双胞胎的相关系数为0.6，而双卵双胞胎的相关系数为0.3。在3岁儿童的焦虑/抑郁情

———————————

① 社会态度指个体自身对社会存在所持有的一种具有一定结构且比较稳定的内在心理状态。——译者注

绪研究[20]中，男孩单卵双胞胎相关系数为 0.7，双卵双胞胎相关系数为 0.3；对女孩来说，单卵双胞胎相关系数为 0.7，双卵双胞胎相关系数为 0.4。在 7 岁儿童的行为问题研究[21]中：男孩单卵双胞胎相关系数为 0.6，双卵双胞胎相关系数为 0.4；对女孩来说，单卵双胞胎相关系数为 0.6，双卵双胞胎相关系数为 0.3。好了，我不会再用更多的数字来烦你了，你应该明白了。不管对男孩还是女孩来说，在几乎所有儿童（和成人）行为研究中，单卵双胞胎的相关性都比双卵双胞胎高得多，这意味着基因密码越一致的兄弟姐妹，相似度越高——基因很重要。我们出生时并非是一张白纸。那位影响了儿童心理学领域开端的哲学家——约翰·洛克，是错误的。孩子天生就有基因密码，这些密码会影响他们是否天生就更容易害怕、更容易冲动、更具攻击性，或者是否带有其他任何特征。

这些广泛的证据都表明着基因对行为的影响。你可能会想，难道基因决定了一切吗？等你真的了解了基因是如何塑造我们行为和生活的方方面面（我们将在下一章详细讨论），你可能就很难想出有哪些事情会不受基因影响。说真的，你可以先试着想一想再往下看。

我先来讲几个例子。我们的第一语言完全是受环境影响的。我最开始说的是英语而不是汉语，并不是因为我天生就喜欢说英语，而是因为我周围的人都说英语。但这并不是说一个人的语言学习**能力**不受基因的影响（是受影响的），而是说你从哪门语言开始学习完全取决于环境。

当我们超越了传统的家庭研究，采用可以将孩子的遗传因素与环境因素区分开来的实验设计时，得到的证据是明确而令人信服的：我们的基因会影响我们的天生气质和性格倾向，以及我们行为和生活的方方面面。美国弗吉尼亚大学一位杰出的行为遗传学家——埃里克·特克海默（Eric Turkheimer）博士（他恰巧是我第一门心理学课的教授）写下了著名的行为遗传学第一定律："人类所有的行为特征都是遗传的。"[22] 这就是事实。当然，这条规则也有一些例外，但绝大多数的证据表明，人类的行为无疑受到了基因的影响。

出生即分离：基因影响力的个案研究

吉姆·刘易斯和吉姆·斯普林格在 39 岁时相遇了。他们开着同样的车，在佛罗里达的同一个海滩度假。他们都抽塞勒姆牌香烟。他们都爱咬指甲。他们都和一个叫琳达的女人离婚了，又都娶了一个叫贝蒂的女人。他们中的一个人，孩子名叫詹姆斯·艾伦；另一个人的儿子名叫詹姆斯·埃仑。

两人养的狗都叫"豆豆"。两人的拼写都很差，数学都很好。两人都做木工，并接受了一些执法培训。两人都有 6 英尺（约 1.8 米）高，180 磅（约 82 千克）重。他们在 39 岁之前从未见过面。这两位吉姆是出生时就分离的单卵双胞胎，由两个不同的收养家庭抚养长大，直到将近 40 岁时才在一个研究实验室重聚、相识。

出生即分离的单卵双胞胎是双生子研究的另一个变体，使得我们能够了解基因和环境的影响有多么重要。这也是一种非常有趣的实验设计。想象一下：两个遗传基因完全相同的婴儿被安置在不同的家庭中，由不同的父母抚养长大[1]。这是一个多么神奇的自然实验啊，研究人员可以研究在不同父母的抚养下，这些基因相同的个体会有多么相似或不同。

正如你所料，单卵双胞胎在出生时即分离并被安置在不同的（非亲属）家庭中成长是非常罕见的。但在 20 世纪 70 年代后期，美国明尼苏达大学的研究人员发起了一项里程碑式的研究[23]，他们开始追踪在婴儿期就被分开的双胞胎。在这段长达

---

① 当然，从伦理上讲，研究人员不可能在未经同意的情况下将双胞胎分开，将他们安置在不同的家庭。电影《孪生陌生人》（Three Identical Strangers）就讲述了一个悲惨的故事，一家收养机构违背伦理，将双胞胎分开安置在不同的家庭以进行研究。——作者注

20 年的研究过程中，他们找到了 100 多对出生即分离的双胞胎，并将他们带到实验室进行了为期一周的心理和生理评估。对许多双胞胎来说，这是他们第一次见面。双胞胎吉姆就是这些重聚的双胞胎中著名的一对。

这项研究取得了重大的发现：从个性、气质、社会态度、工作倾向和休闲兴趣等方面来看，分开抚养的单卵双胞胎的相似程度几乎与一起抚养的单卵双胞胎毫无二致。这个开创性的项目得到了令人震惊的研究结果，那就是**由不同家庭抚养的兄弟姐妹，其相似度并不低于由同一家庭抚养的兄弟姐妹**。

在特克海默博士关于行为遗传学定律的著名论著中，紧随"人类所有的行为特征都是遗传的"之后，第二条定律便是"个人受家庭环境的影响小于受基因的影响"。科学研究表明，基因相同的个体在成长过程中非常相似，即使他们在完全不同的家庭长大。

大问题：父母重要吗？

等一下，这些重大发现是否表明，无论父母如何养育孩子其实都没有什么区别？可惜，行为遗传学领域的发现往往就是被这样解读的。这可不是父母们想要听到的信息，因此这种研究基本已经被忽略了。但是，父母们这样像鸵鸟般集体把头埋在沙子里，假装基因没有深刻影响孩子的行为和发展，对任何人都没有好处。这种想法还给父母们带来了前所未有的压力，让他们在"塑造"孩子上加倍努力，也让他们怎么也想不明白，孩子怎么就是没法变得……（此处请自行填空）。这还导致了一种批判文化：如果孩子有了不好的行为，我们就会马上批评父母，因为我们相信肯定是父母做错了什么。更重要的是，这还意味着，如果我们认识并理解了孩子的自然遗传倾向，我们可能感觉自己不再是想象中那么"有作为"的父母了。

基因对孩子的行为有着深远的影响，但这一事实并不意味着教养就不重要。这只是说明了基因的重要性。教养的重要性与我们想象的不同，这正是我在下一章要说的。

要点

◆ 我们听说的关于教养的大部分内容都来自家庭研究。这些研究发现父母的教养和孩子的行为之间存在相关性，但这些相关性被误解为是父母塑造了孩子的行为。而同样可能的，是孩子的行为推动了父母的教养方式，或父母和孩子仅仅是因为他们有共同的基因而表现出了相关性。因为存在这些根本性的局限性，所以大多数家庭研究实际上很少能帮我们了解父母教养的实际效果。

◆ 收养研究让我们能够将基因的影响与环境的影响区分开来。收养研究可以将孩子与他们亲生父母（有相同基因，但不提供成长环境）的相似性，以及与养父母（提供成长环境，但不提供基因）的相似性进行比较。这些研究一致发现，孩子与亲生父母更相似，为基因影响行为这一观点提供了强有力的证据。

◆ 双生子研究让我们能够通过比较基因上完全相同的单卵双胞胎（MZ，同卵双胞胎），与基因上 50% 相同的双卵双胞胎（DZ，异卵双胞胎），来研究基因影响和环境影响的作用。这些研究发现，几乎在研究涉及的每一种行为上，单卵双胞胎都比双卵双胞胎更相似，这进一步证明了基因对人类行为有重要影响。此外，单卵双胞胎无论由同一家庭还是由不同家庭抚养，其相似程度并没有差多少，这为证明基因对人生成果具有重要意义提供了进一步的证据。

◆ 综上所述，这些研究令人信服地表明，基因在塑造儿童行为方面起着重要作用；基因的影响大于教养方式的影响。

第二章

基因如何影响我们的人生

希望讲到这里，我已经说服了你，你的孩子就是一个活生生展现在你眼前的、有趣的基因序列。基因影响着孩子有多爱顶嘴，有多么乖巧，有多么喜欢阅读，有多爱哭，甚至影响了他们有多么害怕圣诞老人进家门。是的，你没看错。我 6 岁的侄女就特别害怕有外人进入她的家里，以至于每年圣诞节，她都会给圣诞老人写一张便条，要求他只待在一楼（为了家里另一个喜欢圣诞老人的孩子，我姐姐劝她做出了妥协）。

基因对孩子的行为有着深远的影响。但实际上基因究竟是如何起作用的呢？

我最喜欢的文章之一叫《无意义的基因》（"A Gene for Nothing"）[1]，作者是罗伯特·萨波斯基（Robert Sapolsky），一位教授兼畅销书作家，著有《斑马为什么不得胃溃疡》（*Why Zebras Don't Get Ulcers*）等书。我喜欢这篇文章，是因为即使我从事着遗传学研究的工作，我也和萨波斯基一样，不喜欢"……的基因"（gene for）这个说法——但是媒体很喜欢它。打开电视收看新闻节目，你会看到"酗酒的基因""抑郁症的基因""乳腺癌的基因""好斗的基因"！但事实要复杂得多。人类只有大约 20 000 个基因，其中大多数基因为眼睛、耳朵、手臂和动脉等人体器官和组织编码。如果我们的生物学和行为层面的每个东西都有一个特定基因，那我们的基因根本就不够用。果蝇大约有 14000 个基因，而我们的孩子怎么也要比果蝇复杂得多，所以一定还有别的什么机制在发挥作用。

虽然我们在高中生物课上学过对人体具有重大影响的单基因（还记得用来计算眼睛颜色的庞纳特方格①吗？），但对我们这些没有罕见的单基因遗传疾病的人来说，基因在以更微妙的方式影响着我们的生活。社交能力、恐惧、脾气暴躁都没有特定的基因，否则超市一定会专门给有暴脾气基因的人开辟一条快速结账通道。

复杂的行为（从智力到个性）都受到许多基因的影响——

---

① 庞纳特（R. C. Punnett）首创的一种棋盘格形式的计算方法，用以计算杂交后代的基因型比率和表型比率。——译者注

可能是数百或数千个基因。例如，若是你孩子有焦虑的遗传倾向，那就是他们身上携带的数千个会影响焦虑的基因在发生作用。冲动、恐惧或任何其他行为的遗传倾向也是这样。有些基因会增加"不良"表征的风险，另一些则会降低风险，而你的孩子在每个行为维度上表现出来的倾向，就是那些影响该行为的"风险性"基因和"保护性"基因的总和。

事实上，孩子大多数复杂的表征都会受到很多很多基因的影响，这就是为什么虽然孩子通常都像父母，但也并不总是如此。举例来说，一对篮球运动员夫妇生下的孩子不一定都很高。为什么呢？长得特别高的人可能有较多的"高基因"（能够增加身高的基因）和较少的"矮基因"（能够降低身高的基因），所以他们的身高高于平均水平。但是，长得高并不意味着完全没有矮基因，只是少一点。因为我们是随机从父母那里继承了 50% 的遗传变异，所以一个孩子也**可能**很偶然地获得了高个子父母大部分的矮基因。虽然这种情况的可能性不大，因为高个子父母比矮个子父母有更多高基因，但这种可能性是存在的。这就是为什么高个子的父母有可能生出一个矮个子的孩子，聪明的父母有可能生出一个智力一般的孩子，外向的父母有可能生出一个内向的孩子。平均来说，孩子都会像他们的（亲生）父母，但因为每个孩子都像是扔了一次基因骰子的结果（即你和你伴侣各自本具差异的50%的遗传物质组合在一起），所以你永远猜不到你的孩子究竟会是什么样！

研究者们仍在试着寻找那些与各种疾病和性格表征有关的基因，尽管已经取得了一些进展，但还有很长的路要走。因为人类的行为差异实在太大，而且人们不会自然地分成截然不同的群体（比如冲动和不冲动的群体），我们从人群中观察到的多数行为都呈现一种钟形分布①，其中必定有非常多的基因在发挥作用。基因不会为特定的行为编码，而是通过影响我们的大脑结构来影响我们的行为。

在大脑结构和功能方面的个体差异是高度遗传的，也就是说，它们受到基因的强烈影响。大脑的连接方式促成了我们恐惧、焦虑、沮丧与寻求奖励等情绪和行为的天生倾向。大脑还会影响我们的注意力、记忆力、认知，以及学习方式。它会影响复杂的认知过程，比如我们如何解读社交线索；它还会影响基本的生理进程，如昼夜节律和睡眠。基因通过影响我们大脑的发育，给各种各样的个体差异奠定了基础，使得我们每个人在生理**和**行为方面都是独一无二的。

---

① 整体形状为钟形的垂直横截面的概率分布。最著名的例子是正态分布。——译者注

举个例子，在我从事的一个研究项目中，我们试图去了解为什么有些人更容易有酒精滥用问题[2]。作为研究的一部分，我们测量了参与者的脑波活动。我们发现酒精使用障碍患者的大脑存在异常。这似乎并不奇怪，因为你能猜到，大量摄入酒精会改变一个人的大脑（确实如此）。但最令人感兴趣的是，我们在许多酒精使用障碍患者的孩子身上也发现了类似的异常脑波活动——**孩子还没有接触过酒精**。这些异常脑波活动涉及大脑的冲动、奖励和认知机制。更重要的是我们在有注意缺陷多动障碍、行为问题和其他药物滥用问题的儿童中，也发现了同类型的异常脑波活动，这些都与冲动和自控力有关。换句话说，有些孩子的大脑连接方式会让他们更易冲动，这会让他们在发育过程中面临各种不同表现形式的风险，比如年幼时出现注意缺陷多动障碍和行为问题，以及年龄大一些后出现药物滥用问题。

如此，基因影响我们的大脑形成独特的结构，从而影响我们的行为倾向。但这只是第一步。遗传因素在我们的人生中之所以如此关键，另一个重要原因是，除了直接影响我们对某些行为的自然倾向，它还与我们的环境有着深刻的联系。正是通过与环境的联系，基因才能以复杂而间接的方式放大对行为的影响。只有理解了"基因—环境"的关系，我们才能在孩子的发展过程中发挥作为父母的最大作用。

基因—环境的交互作用：基因塑造行为的关键方式

尽管长期以来关于先天与后天的争论如火如荼，但硬是把基因和环境两者**进行比较**是毫无意义的。这是因为基因和环境并不是两个可以分开看待的影响因素。我们遗传了什么基因可能是运气使然，但环境（在很大程度上）并非随机"发生"在我们身上的。遗传倾向会影响我们去接触特定的环境，影响我们对环境的体验，还会影响环境对我们的影响程度。研究者们将这种遗传倾向和环境体验的交织关系称为**基因—环境关联影响**[3]（gene-environment correlation）。简单地说，我们的基因和环境是彼此关联的。而且事实证明，我们的基因型① 和环境交织的方式多种多样。

方式一：唤起型和反应型的基因—环境关联影响

来让我们认识一下安东尼。安东尼从小就善于交际。3 岁的时候，他喜欢在商场里戴上蝙蝠侠的面具并穿上斗篷，然

---

① 基因型指一个生物个体全部基因组合的总称，它反映生物体的遗传构成，即从双亲获得的全部基因的总和。——译者注

后跑到陌生人面前，给他们讲述自己的超能力（暂不提蝙蝠侠实际上没有超能力），并询问陌生人他们有什么样的超能力。这个举动非常可爱，人们会笑着和他聊起天来。虽然并非有意，但这种互动给了安东尼与成年人交谈的信心。他（无意中）学到的是，大多数成年人都很友好，和人交谈也很有趣。上幼儿园之后，他会待在教室里和老师聊天，要放学的时候，他会询问老师是否可以帮忙擦黑板，这样他就可以和老师共度一段时光了。老师觉得安东尼很可爱，每次她需要志愿者的时候，安东尼的手就会"嗖"地举起来。老师把安东尼调到了教室前面的座位，这让安东尼更加专注于学习。一方面是因为他想让老师高兴，另一方面是因为他坐在前排最中间。于是他的成绩提高了。安东尼和老师建立了一种积极的关系模式。快进到 12 年后，安东尼前往美国哈佛大学，最终成为了一名火箭科学家。就这样，虽然我讲得浅显，但是大概意思你肯定明白了。

　　天生气质和性格倾向影响着我们日常生活的方方面面，这些影响最初可能看起来很微小，但随着时间的推移，这些影响会累积起来，发展出不可小觑的结果。安东尼的基因编码促使他经历了一系列"环境"体验，这些体验进一步影响了他在环境中的互动方式。在他的人生故事中，环境的影响逐渐累积，最终把他带向了太空。但这些"环境"效应都源于他基因编码的气质，是气质的副产品。

天生气质影响着我们在世界上生存的方式，而它又是受基因影响的，这就意味着其实是基因在驱动着我们日常生活方方面面的体验。你如果是一个易怒的人，就更有可能对超市收银员发脾气，而这样可能使他们结账的速度更慢。这就会进一步证实你的固有观点：这世界上烦人的人太多了，全世界都在和我作对！

或者，你是一个容易焦虑的人。一户新邻居搬到了隔壁。你想送这家人一份合适的礼物，但又发愁该送什么。你可能想给他们烤点曲奇，但如果他们不吃甜食呢？你可能想给他们带瓶酒，但如果他们不喝酒，你会不会反而得罪了他们？也许你会想送一些自己做的千层面过去……但如果他们有忌口怎么办？最后你什么也没送。几年过去了，你一直没能认识隔壁的这户人家，除了在遇到时点点头。你一直在想，如果你能好好结识一下这户邻居该有多好，你们起码可以在需要借个鸡蛋时不觉得尴尬，或者在紧急情况下相互帮忙照看一下孩子。与你相反，住在街对面的邻居很外向。新邻居搬进来时，她毫不犹豫地就带着松饼去拜访他们——但新邻居对麸质不耐受。虽然她的好心办了坏事，但是两家人一起哈哈大笑，很快就成了好朋友。他们会互相帮忙照看刚放学的孩子，让对方有机会稍微休息一下。如果家里有人突然生病，邻居也会帮忙照顾好家里的孩子。这两种截然不同的结果，都源于一个决定（或未能做出的决定）。而这个决定，从根源上讲，是你与陌生人社交会引发（或不引发）的焦虑程度所造成的最终结果。

我们的基因型就是通过这样的方式影响着我们的环境，它影响我们生活中成千上万的小小决定，这些决定进而全部作用于我们的生活进程。基因推动我们朝着某个方向前进，从婴儿期开始，绵延一生，而我们自己往往对此没有觉察。研究者们将这种类型的基因—环境关联影响称为**唤起型**。基于我们在基因影响下的那些特征，我们唤起了世界对我们的各种反馈。我们的气质，还有许多其他受基因影响的部分——外表、智力、心理健康、行为都会影响我们在世界上接受到什么样的经验。周遭的环境也会进一步对我们独特的基因密码做出反应，形成一种反馈循环。爱笑的宝宝更容易得到别人的微笑和拥抱。没有人愿意去抱喜欢在怀里哭喊尖叫的婴儿。有一说一，即使是父母也受不了自己的孩子一直哭闹！

此外，基因型和环境之间还有另一种联系。我们不仅会唤起外界的某些反应，我们的基因型还会影响我们之后对外界的反馈。我们以不同的方式理解和回应这个世界，其中一部分是受到遗传的天生气质的影响。回想一下你最近在聚会上有过的一次互动。一个陌生人与你和你的一位朋友在餐桌旁聊了起来，而这个陌生人还会伸手拿桌上的小点心吃。原来，她跟你们俩都在同一个行业，然后她就谈了一些自己认识的行业名人。不久之后，你就拉着朋友走开，终止了聊天，你向朋友抱怨道："这人真无聊，一直在秀优越感，咱们不吃点心了。"你的朋友难以置信地看着你说，"我觉得她特别友好啊！她只是想和我们交个朋友。"你看，相同的互动，但每个人都会有不同的感受。

这种差异被称为**反应型**基因—环境关联影响。我们的性格会影响我们对生活中遇到的事情的反应。这就是为什么尽管两个孩子在同一个家庭中长大，有着相同的父母，但他们对父母的感受和记忆可能有很大的不同。当父母对孩子提高说话声音时，更敏感、情绪反应性更强的孩子可能会非常不安。他可能觉得很害怕，可能躲开父母，感觉与父母的关系不那么亲密。而另一个孩子——甚至是同一个家庭中的兄弟姐妹——情绪反应较弱，当父母提高说话声音时他可能仍会不慌不忙。对他来说，这根本不叫事。在客观上，父母是同等对待两个孩子的，但是，基于两个孩子受基因影响的气质，他们与父母在一起时的感受是完全不同的。**这也强调了为什么了解孩子的天生气质可以帮助你更好地为人父母**。由于孩子不同的遗传倾向,"相同"的环境实际上并不相同。

方式二:主动型基因—环境关联影响

我姐姐雅尼娜和我相差两岁,虽然成年后我们关系很好,但是在小时候,我是没法忍受我姐姐的(对不起,雅尼娜,我爱你)。她太完美了,这让我显得很糟!这种情况在高中达到了顶峰。一般来讲,我是一个挺不错的小孩(我曾经一遍遍地跟我父母提醒这一点),但我总喜欢挑战界限:如果父母规定我必须在午夜前回家,那我会在 12:10 才溜进家门;我还会偷偷去我本不该参加的聚会,如果年龄不够,我就用花言巧语混进去。(但至少我成绩得了全优,对吧?尽管我父母对此并不买账。)而和我相反,我姐姐只会在周末看看电影,或者去朋友家玩玩(旁边还有朋友的父母监督)。我们的高中经历大不相同。虽然我们上的是同一所学校,周围是同样的环境,但我们寻求的是非常不同的体验,而这些体验又以不同的方式塑造了我们。我和我姐姐的气质很不一样。我更像是比较外向的冒险者,而我姐姐更内向、更容易焦虑。如果她偶然得知我的行踪,知道我要去参加本不该去的聚会,她会说:"你会有麻烦的！"我当然知道这是有可能的。但无论如何，那种"先玩了再说"的想法还是把我带到了聚会上，而我的姐姐觉得和父母对着干实在是太令人焦虑，就明智地选择了去朋友家看电影、吃爆米花。

这就引出了基因影响环境的第二种方式：**我们会根据自己的遗传倾向主动地寻找不同的环境**。追求刺激的青少年喜欢参加聚会；而对一个比较内向或容易焦虑的青少年来说，他可能就不太想去参加大型聚会。有些人喜欢花一个下午的时间逛博物馆，而对另一些人来说，这听起来就很无聊。有些人喜欢出去吃饭，有些人喜欢待在家里。我们的天生气质决定了我们会去寻求什么样的环境，以及我们会选择进入什么样的情境。这就是所谓的**利基选择**（niche-picking）。我们会选择最适合自己的位置。而我们的基因影响着这些选择。

可能正如你料想的那样，随着年龄的增长，我们对环境的主动选择也会逐渐增多。儿童选择环境的能力相对更有限，在大多数情况下，你带着孩子去哪儿他们就跟着去哪儿。孩子主要通过对特定环境做出行为反馈来发挥他们塑造环境的能力。比如你想让孩子上个戏剧班，但他／她要是讨厌在舞台上表演，并且每次去上课前都会哭闹，那么你可能就会放弃带他／她去戏剧班。如果你带孩子去博物馆，而他／她喜欢看艺术作品，你们这一下午都很愉快，那么你就可能带他／她去更多的博物馆。不过，如果你的孩子在博物馆里乱跑，你一下午都在管教他／她，并向博物馆工作人员道歉，那你以后就不太可能想再去博物馆进行亲子活动了。孩子通过对特定环境的反应，间接地塑造了成年人在生活中为他们做出的选择（也就影响了他们的生活体验）。但一般来说，作为一个孩子，很多事是自己说了不算的。

随着年龄的增长，情况开始变化。青少年比小孩子更有能力塑造他们的环境。他们可以更自发地选择自己的朋友（业余活动不再由妈妈和爸爸安排了），想做什么事也更有自主权。一旦他们长大成人离开家，一切就更是另当别论了。到那时，他们去哪里、与谁共度时光，就完全是由他们自己做主了。想想也知道：这些选择不是随机的，而是由他们受基因影响的性格特征塑造的（希望也听了大人的一些话）。更注重学业的青少年会常去图书馆，参加国际象棋俱乐部。喜欢冒险的青少年会找其他也喜欢追求刺激的青少年做朋友，他们会去跳伞，参加滑雪比赛俱乐部，还会常去派对。更容易焦虑或担忧的青少年在家里待着的时间会更多，花在社交活动和聚会上的时间更少。我们在基因影响下的性格特征使我们寻求不同的环境和不同的体验。这些经历也进一步塑造了我们。

方式三：被动型基因—环境关联影响

基因型和环境相互交织影响的最后一种方式特指亲子关系。我们已经知道，孩子的气质受基因影响，进而又会影响他们所处的环境和行为，但这一现象不仅存在于孩子身上，成年人也是如此。作为父母，我们也有自己的气质风格和与世界互动的方式。这些会影响我们教养孩子的方式，以及给孩子提供的环境。更冲动、更爱冒险的父母更有可能催着孩子去做跨出自己舒适区的事情。他们更有可能带孩子去滑雪、跳伞或报名参加攀岩。更偏学术／知识型的父母更有可能在家里堆满书籍、《国家地理》和《纽约客》等杂志。更内向的父母可能更倾向于为孩子安排一些人比较少、更安静的活动。如果你自己都觉得在舞台上被很多人盯着就像身处地狱，那么你可能也不会想着给孩子报名参加戏剧班。我们的教养倾向在许多方面反映的是我们自己在基因影响下的气质。

有一点非常关键：父母的基因型会影响他们为孩子提供的环境，**并且**父母还会将自己的基因型传给孩子。这意味着即使是小孩子，他们所处的环境（假设环境是由亲生父母提供的）也与自己的基因型有关联。

让我举一个关于高智商父母的例子。我们知道智力是可遗传的[4]，这意味着基因在认知功能中发挥着作用。高智商的父母更有可能将与高智商有关的基因传给孩子，也更有可能在家里堆满了书。这意味着他们的孩子在基因方面可能就更有优势，**并且**还身在丰富的藏书环境中，可以进一步激发自己的学习天赋。这些孩子的父母可能更愿意送孩子去参加有丰富学术内容和知识含量的夏令营，因为他们自己曾经也很喜欢。这样，他们已经具有优势的孩子又从乐高培训班和暑期项目中获得了额外的"环境"助力。此外，高智商的父母可能更有意愿辅导孩子做家庭作业，当孩子也表现出对学习的热爱时，他们会感到非常开心。这些孩子从根本上受到了基因与环境的"双重正面影响"，这源于他们父母高于平均水平的智力，而这正是一切的开始。

不幸的是，反过来也是如此——孩子可能受到"双重不利影响"。例如，我们知道攻击性受到基因的显著影响[5]，这意味着有攻击性气质的孩子，他们的父母也可能是更具有攻击性的。这样的父母更可能采取严厉甚至带有体罚性质的措施来管教孩子。这样的环境可能进一步加剧孩子的攻击倾向。这些孩子先是很不幸地受到了"基因骰子"的影响——他们的脾气更容易暴躁，接着他们又有一个不良的环境来进一步激发并模式化这种具有攻击性的行为。

你可能已经意识到了，被动型基因—环境关联影响只有在孩子由有血缘关系的亲属养育长大时才存在。由非亲属养育的儿童不一定有与其基因型相关的环境。但是，无论孩子是由谁抚养长大的，唤起型 / 反应型 / 主动型基因—环境关联影响仍然会发挥作用。即使没有与其基因型相关的家庭环境，孩子的基因型仍会影响他们在生活中对个体、环境的反应，以及他们会主动寻求怎样的环境。

发展级联效应 ① 的作用

让我们回到第一章中对分开养育的单卵双胞胎的研究。当你读到这项研究的时候，你心里可能疑惑：在不同环境中长大的单卵双胞胎怎么可能和一起长大的单卵双胞胎那么相似？让我们通过你现在对基因—环境关联影响的了解来重新审视这些研究发现。一对双胞胎是由不同的养父母抚养长大的，因此他们的家庭环境与他们的基因型无关（没有被动型基因—环境关联影响的交互作用）。但是他们有着相同的基因编码，所以他们生来就有着相似的气质。这相似的气质作用于

_____

① 发展级联效应指在复杂的发展过程中各种交互作用或相反作用的累积结果，这种发展的累积效应导致跨越不同水平、领域、系统或世代的扩散效应。——译者注

他们各自不同的父母、老师，也更广泛地作用于他们在世上遇到的形形色色的人，而后，这对单卵双胞胎很可能做出相似的反馈。虽然他们是分开长大的，有各自的生活，但由于他们的环境体验和对环境的反应受其遗传特质的影响，所以他们在生活中的相似经历比世界上随机的两个人要多。随着时间的推移，来自世界的相似反馈和对生活事件的相似解释，将他们塑造成越来越相似的人。换句话说，我们的"环境体验"很大一部分都是始于基因的。这就是为什么著名的吉姆双胞胎能如此相似，尽管他们是由不同的父母养育长大的。

当然，有些环境事件确实是随机的。像是遭遇地震或飓风等自然灾害，就不太可能和你的基因有关。其他类型的压力性事件，比如车祸，可能和你的基因组成有关，也可能无关。有些车祸是随机发生的：你在错误的时间出现在了错误的地点，同时一个分心的司机闯红灯撞到了你。但也可能车祸发生的部分原因是你超速行驶了（因为你是个爱刺激的人）或者是你没有完全集中注意力（因为你一直患有抑郁症，很难集中注意力）。有时，看似"随机"的环境事件也或多或少受到了我们自身特质的影响。在日本，在认定汽车事故的责任时，这一点会发挥到极致：无论你是因为什么被撞的，永远都是双方均有部分责任！

除了这些"命运的暴虐的毒箭"①之外，我们的基因还影响着我们所处环境的许多方面。甚至当我们经历随机事件（不管是好的还是坏的）时，基因都会影响我们对事件的反应方式。这就是生命的反馈循环，由每个孩子独特的基因组成所驱动。

好家长的功能：微调孩子的性格

那么，父母该从何着手呢？孩子的基因为他们的性格奠定了基础，影响着他们在世界上生活的方式，但是基因**并不会**书写命运。如果你能和孩子的遗传倾向进行良好的"合作"，就能促使他们尽可能成为最好的自己，并帮助他们控制可能引起麻烦的自然倾向。换句话说，环境可以影响基因的表达方式——我们将其称为**基因—环境交互作用**[6]。

对父母来说，这意味着如果你的孩子天生容易冲动，你就可以为孩子设定边界，帮孩子学习控制冲动，这样做能够帮助孩子抑制冲动倾向，减小这种倾向给孩子带来麻烦的可

---

① 出自英国作家威廉·莎士比亚《哈姆莱特》："生存还是毁灭，这是一个值得思考的问题：是默默忍受命运的暴虐的毒箭，还是挺身反抗人世的无涯的苦难，通过斗争把它们扫清，这两种行为哪种更高贵？"——译者注

能性。如果你的孩子有高度情绪化的倾向（有的家长称之为"一惊一乍"），你就可以帮助孩子学习管理情绪，让这种基因倾向得到控制。你也可以培养孩子天生的基因优势，使其进一步发展。例如，一个天生就喜欢和其他人在一起的孩子，如果能在有更多互动机会的环境中成长，就能进一步促进社交技能的发展。

通过了解孩子的性格，你可以更清楚地知道哪些环境有助于他们进步，哪些环境可能诱惑他们陷入麻烦。基因与环境之间存在着交互作用，这也意味着作为父母，我们可以帮着把孩子的某些遗传倾向"调高"一点或"调低"一点，就像调节收音机的音量旋钮一样。但是很遗憾，遗传倾向的开关按钮通常不归我们管（我得承认，我孩子发脾气的时候，我幻想过这件事）。不过科学研究表明，**微调**孩子的天性，是父母最能够发挥影响力的方式。

早在20世纪60年代，欧文·戈特斯曼（Irving Gottesman）提出了**反应范围**（reaction range）的概念，用以解释基因和环境如何共同作用于塑造孩子的行为和性格。反应范围指我们可能自一出生就有某种遗传倾向，但环境会影响这种倾向的发展。例如，一个天生内向的孩子，他喜欢独处。但作为父母，你可以通过温柔而坚定地让他与其他孩子接触，来帮助孩子学习如何更自如地与他人相处，而不是放任他一直独自待在房间里。这样可以让孩子在未来需要参与社交场合时能感觉自在些，即使这仍不是他最喜欢的活动。但不管你怎样做，这个天生内向的孩子都不太可能像外向的孩子那样，成为派对上的闪亮明星。

相反，如果你的孩子极其外向，那么在培养他时，你就可以引导他将天性宣泄在适当的出口，例如鼓励他参演学校话剧或参与公共演讲。这样他们就**不太可能**跑去酒吧的桌子上跳舞了！换句话说，基因倾向为我们孩子的发展设定了界限，但环境会与基因倾向相互作用，从而影响孩子最终长成的模样。作为父母，我们可以这样理解我们的任务：把孩子最好的基因倾向发挥出来，并帮孩子管理那些不太有利的基因倾向（即使我们自己也有这些倾向）。

还有最后一个需要被理解的遗传学概念：表观遗传学（epigenetics）。表观遗传学与基因—环境交互作用是有联系的，它探究的是环境如何在分子水平上影响基因的表达。环境体验可以影响基因的开启或关闭，或者基因表达的程度。新的研究表明，压力环境可能产生不利的表观遗传效应，会激活参与压力反应的基因，并导致一系列不良的生理、行为和心理反应。贫困或生活在犯罪率高的社区、有童年创伤、被歧视、被霸凌——所有这些因素都会改变基因表达并对儿童的发展产生不利影响，并且这些影响可能通过代际传播。所以，在教养孩子上用力过猛并不能让孩子变成我们想象的那个样子，反而会让压力和创伤经历伤害我们的孩子，阻碍他们发挥出潜能。

现在，你已经基本了解了基因和环境共同影响孩子行为的方式，本书的第二部分将帮助你识别孩子独特的遗传倾向，并学习如何为他们独特的基因组成提供合适的教养方式。这部分的内容将让你知晓，如何在基因和环境共同影响孩子发展的同时，为孩子打造一条顺畅的成长之路。

要点

◆ 基因不直接编码行为。我们的基因以更复杂而间接的方式塑造我们的生活。

◆ 复杂的行为受到许多基因——可能是数百或数千个的影响。基因影响的是某种与生俱来的倾向，无论是冲动、焦虑、外向还是任何其他行为倾向。基因通过影响我们大脑连接的方式来塑造我们的行为。

◆ 我们受基因影响的特征，从气质到外表，都会影响我们在世界上的经历。不同遗传倾向的儿童会唤起周围人不同的反应，从而进一步影响儿童的发展。

◆ 基于我们的基因气质，我们以不同的方式来理解、回应这个世界。这就是为什么在同一个家庭中长大的两个孩子，即使有相同的父母，对父母的感受也可能大不相同，因为他们各自有着独特的遗传倾向。

◆ 我们的基因型会影响我们去寻求怎样的环境。例如，非常外向的儿童会寻求与许多人在一起的活跃环境。

◆ 基因影响气质，这让孩子对父母和家庭环境的反应各不相同。这就是为什么对一个孩子有效的东西对另一个孩子也许不起作用。

◆ 通过认识孩子的遗传倾向，你可以帮助他们在自己的世界中导航。父母可以帮助微调孩子的性格，环境则可以改变儿童基因型的表达。

第二部分

认识你的孩子，建立正向的亲子同频

（一种全新的教养方法）

第三章

了解孩子：气质的三大维度

几年前，我和大学时最好的朋友一起带着孩子在操场上玩，孩子们在玩攀爬架。我的儿子很快就爬了上去还站在顶上，张开双臂大叫："快看我！"朋友的儿子在地上犹疑地看着他，怯生生地说："我觉得这样太危险了……"我的孩子则是大声喊回去："但是太好玩了！"

我们要通过观察孩子的行为来了解他们的天性。作为父母，我们的任务之一就是做一名有爱心的"侦探"，当孩子还是婴儿时，我们会很自然地这么做。宝宝哭了，我们就得弄清楚他们是饿了、尿了、困了还是冷了，然后再采取相应的行动。用不了多久，我们就能分清哪种哭表示"我饿了"，哪种哭表示"我困了"。

作为父母，你比任何人都更了解你的孩子，当孩子还是婴儿时，你就会通过对孩子的观察、了解来满足他的基本需求。**但这并不止于此**。在孩子的各个发展阶段，通过了解孩子的天性倾向——每个孩子的倾向都会有所不同——进而调整教养方式，你都能帮助孩子获得他们所需要的东西。这还能帮助你避开由那些无效的育儿套路带来的挫败感。作为"侦探"，你的任务就包含了找出什么对你孩子的独特基因有效，什么无效。

我朋友的孩子天生就更容易胆怯害羞，所以作为家长，她就得下功夫鼓励孩子尝试新事物，让孩子走出舒适区，并稍微多冒点儿险。但我的孩子最不需要的就是这个！因为他有无所畏惧和冲动的倾向，所以我就必须聚焦于提高他的自控力，并帮他避开那些可能使他陷入危险的情况。我的那个朋友需要采取一种温柔、坚持、有耐心的教养方式，而我的孩子则需要我设定更严格的界限。对他而言，温和的小提示是不起作用的，就如同严格的教养方式不适用于我朋友敏感的孩子一样。无可否认，要弄清这些是需要一些细致的"侦察"工作的。我自己天生的倾向是要把事情说得明明白白（这就是为什么我选择当个心理学家！），但是，反复的谈话并没能改善我儿子的冲动行为。之后，我才发现简单、明确的规则才对他更有效。

让我们设想两个孩子，一个叫亚历克西丝，一个叫凯莱布①，俩人一开始都是容易胆怯的宝宝。他们的基因编码使他们天生更容易焦虑。当陌生人和父母谈话时，亚历克西丝和凯莱布会紧紧抓住母亲的腿。他们踌躇不前，不敢去和操场上的其他孩子玩。当父母带他们去上游泳课时，他们会坐在泳池边哭泣，害怕得不敢下水。但是面对孩子天生胆怯的特质，亚历克西丝和凯莱布的父母采用了截然不同的方法。

当凯莱布躲在父母的腿后面时，他的父母会向朋友解释说他很害羞，然后继续大人间的谈话，不想让孩子难堪。他们还会在操场上和凯莱布一对一地玩，而不会试图说服他与其他孩子进行互动。当凯莱布在游泳课上拒绝下水时，他们会向老师解释说，孩子一定是还没有准备好，于是带他回家，明年再来试试。

相反，当亚历克西丝在不熟悉的人面前躲起来时，她的父母会温柔地哄她出来，耐心地等待她来打招呼，然后再与朋友们继续交谈。如果她害怕接近操场上的其他孩子，他们就

① Alexis 源于希腊语，意为"保卫者"，亚历山大大帝的名字即源于此；Caleb 源于希伯来语，意为"大胆的"。此处用这两个名字有和孩子性格形成反差的效果。——译者注

会把她带过去介绍给其他小朋友，然后待在她附近看着她跟其他小朋友玩一会儿，直到她感到自在为止。当亚历克西丝拒绝进入游泳池时，他们会继续带她去上课，但就让她坐在游泳池旁边，直到她准备好下水。

在这里有件重要的事需要了解，亚历克西丝和凯莱布的父母都没有做"错"任何事情。他们都把孩子的最大利益放在心上，对孩子做出反馈，并尽可能地调整教养方式。但亚历克西丝的父母采取的策略是：温和、耐心、不慌不忙地让他们胆怯的孩子去面对（暴露在）其本来会天然避开的环境，这是帮助孩子慢慢克服恐惧的有效方法（对成年人也一样）。

凯莱布的父母，虽然同样是善意的，但从长远来看，并没能帮到他们的儿子。这种让孩子回避恐惧的适应方式，无法帮助他学会控制自己天生的焦虑倾向。

三大特征

研究者有很多种分析人类天生气质的方法。测量气质的手段有数十种，不同的专家对气质和行为也有不同的分类和命名方式。在本书中，我将重点关注三种主要的性格特征，这三大特征在数百项婴幼儿行为学研究中不断出现（尽管在不

同研究中它们的名称和细节略有不同）。这些研究采用了来自
父母和儿童生活中其他重要人物的报告，以及在实验室环境
和生活环境（比如家庭）中对儿童行为的观察。这三大特征
在不同文化、不同性别的儿童中都会出现（有一些小的性别
差异，我们将在后面讨论）。它们所涉及的维度在婴儿时期就
可以被观察到，并且在童年早期和中期展现出稳定性。

三大特征不是一个严格的学术概念。这是同样为人父母
的我，从广泛而复杂的学术文献中提取大量信息后，为家长
建立的实用工具。因此，对研究型父母来说，要知道这本书
并不是一本文献综述，而是从家长的角度对临床心理学、发
展心理学和行为遗传学（我接受了学术训练的领域）研究成
果做的综合解读。我希望这些信息能最大限度地为各位家长
所用。

三大特征可以预测青春期乃至成年期的行为，是你了解孩
子潜在基因组成的一扇窗。作为父母，你的很大一部分工作
就是密切观察并了解孩子落在了这些维度的哪个位置。想要
找到一种适合你家孩子的教养方式，首先就要从基因设计的
角度开始，重新认识你的孩子。

接下来我要介绍六个孩子的故事，他们各自代表着三大特
征各维度上的高端和低端。当你读到这些具有不同气质特征的

孩子的情况时，请务必记住，本质上，特征是无所谓"好"或"坏"的。是的，对父母来说，有某些倾向的孩子确实更难带。但是，无论我们认为那些特征是"好"还是"坏"，实际上它们都会随着时间和文化的不同而变化。正如在本书前面所讨论的，对一些小孩子来说似乎很好的倾向，放到青春期孩子身上恐怕会给他们带来麻烦：比如幼童社交能力强看上去是一件好事，但更善于社交的青少年也更可能受到同龄人的影响，去尝试饮酒或滥用药物。而一些在儿童身上看似有点儿麻烦的特征，在成人身上则被视为优点：比如小孩子拒绝服从，等到了成年，这种行为可能就是坚持原则的表现。在一些文化里，人们觉得孩子应该听大人的话；而在有些文化中，人们则更强调个性。重要的是，所有性格都是各有利弊的（尽管不可否认，某些性格特质在不同的发展阶段确实会让教养变得更具挑战性）。

外向性（Extraversion）：莉拉和米拉

莉拉的父母经常开玩笑说，莉拉天生就是一个风一般的女子。小时候，她喜欢玩躲猫猫，父母陪她玩的时候，她会爆笑不停。她喜欢新玩具，喜欢和父母一起去外面玩。在还是小宝宝的时候，父母带她出去散步，她会对着往婴儿车里看的陌生人大讲"婴语"。一学会爬行，莉拉就一直在"东奔西走"。她还喜欢上幼儿体育课、亲子唱歌课。她会兴奋地探索新的游乐场，并且很容易与遇到的其他孩子成为朋友。她喜欢去买东西，会在超市里兴奋地跑来跑去，"帮忙"往购物车里放东西。她的父母有一条经验法则，如果不让莉拉到外面去消耗一些能量，那么家里准有东西会被弄坏，因为她会兴高采烈地在家里跑来跑去，"驾驶"她的玩具飞机穿越整个屋子，或者钻进她在房间里建造的枕头堡垒。

相反，米拉则是一个安静、容易满足的宝宝。她躺在父母怀里的时候是开心的，会平静地抬头看着他们。她很少扭动身体试图离开怀抱。像"躲猫猫"这样高强度的游戏对她来说似乎有点太过了，她更愿意和父母依偎在一起。在大人给她读书的时候，她会安安静静地坐着。长大一些后，她更喜欢待在家里玩安静的游戏，比如纸牌记忆游戏，而不愿去嘈杂的游乐场或商场。有不熟悉的人来家里做客时，她会很腼腆，对陌生人比较慢热。但过了一小段时间后，她可能会开心地向客人展示她的毛绒玩具，或在她的房间里"主持"一个小型茶话会。当整个房子安静下来时，米拉的父母会知道，她应该是在房间里玩积木或拼拼图。

莉拉和米拉分别代表两类孩子，她们落在气质三大特征中第一维度——**外向性**的两端。外向性的根基在儿童发展的早期就表现出来了，它表现于孩子在以下几个方面的自然倾向上：积极情感，即孩子对世界和其他人的反应有多么愉悦；活动水平，即孩子的活动量；探索行为，即孩子有多喜欢尝试新事物。

外向性高的孩子往往很快乐，很活跃。在婴儿期，他们会表现得很爱笑。父母逗他们时，他们会发出声音回应。他们往往更好动，会在妈妈爸爸的怀里扭动，在游戏垫上爬来爬去。这样的孩子还会喜欢去新的地方，喜欢发现新的活动。等长大一些，他们的精力会特别旺盛，会喜欢在游乐场玩耍或者滑那种高高的滑梯。他们去什么地方都是跑的，而不是走的。他们还喜欢结识新朋友。

在这个维度的另一端是天生安静、不太活跃的孩子。在婴儿期，他们静静地躺在你的怀里就很满足。外向性较低的孩子在陌生人面前更害羞，有时甚至在认识但不经常见面的人面前也容易害羞。他们更愿意自己玩，或者和小群体一起玩。他们不需要，也不希望被热闹的活动或人群包围。

情绪性（Emotionality）：克洛伊和佐伊

克洛伊从出生起，就总是需要被抱着，而且只接受被妈妈爸爸抱着。当父母试着把她放到婴儿椅上时，她会非常不高兴，大哭不止，直到父母再次把她抱起来。父母买了一大堆朋友郑重推荐的婴儿产品，但克洛伊似乎一个都不喜欢。当克洛伊烦躁时，周围的人很难把她哄好。当她累了，一切更是难上加难。她对任何不喜欢的事情反应都很大。有时她的父母甚至都不知道她在为什么事情烦躁。她会拒绝上床睡觉，即使父母可以察觉她已经很累。等长大一些，当事情没按她的想法进行时，她还是会很容易感到烦躁。如果她在比赛中输了，或者她的艺术项目没像她预想得那样顺利，她就会大发雷霆，而父母很难安慰她，也很难调整她的行为。她还会害怕有陌生人的环境。如果妈妈为她报名参加一个学龄前的兴趣班，她不仅会拒绝加入，还可能满地打滚，又踢又叫。

相比之下，佐伊被她的父母形容为是个"随波逐流"的孩子。她在婴儿期就很容易带。她不挑人，谁抱都可以，即使只是在摇篮上坐一坐或者在游戏垫上躺着也会心满意足。在幼儿时期，当她不高兴的时候，父母可以很容易地哄好她。尽管她可能因为最喜欢的麦片粥喝光了而掉眼泪，但当父母说她吃完早餐后可以去玩游戏时，她很快就恢复了状态，再次感到开心和满足。通常，她都会非常开心地参加父母为她安排的所有活动，无论是去博物馆参观还是去做一天手工。虽然让她去一个全是陌生小朋友的游乐场，她也会犹豫，但她不会感到过度焦躁，而是会慢慢地融入其他孩子的行列。

克洛伊和佐伊所代表的两类孩子在三大特征中的**情绪性**维度上处于对立的两端。高情绪性孩子天生更容易感到痛苦、恐惧和受挫。在婴幼儿期，他们更容易不高兴，特别是当他们疲惫的时候。如果拿走他们的玩具，他们会哭闹，就算已经很累了，也会拒绝上床睡觉。等长大一些，如果事情没有达到预期，比如输掉了游戏或者比赛，他们很容易就变得非常气恼。我们可以将他们的这种气恼理解为一种"过度反应"。他们不仅容易感到沮丧或生气，而且容易在很长一段时间里走不出这种状态。高情绪性孩子不容易调整状态。他们还更容易感到恐惧，害怕晚上有怪物或什么东西闯入自己家。

自控力（Effortful Control）：海登和杰登

海登是那种会安安静静听父母给他念故事的孩子。他能够集中精力，花几个小时来建造积木城堡。玩拼图游戏时，他也可以一直集中注意力直到拼完。他能够按照父母的要求做事情。如果父母要求他在完成任务之后才能领取奖励，或者晚饭后才能吃雪糕，他都能做到，并且不会觉得不高兴。在游乐场玩的时候，父母一叫他，他就会过来。并且当他正在做自己的事时，如果父母让他别干了，他也可以马上停下来。

相反，杰登会在多个活动之间来回穿梭。他刚开始玩一个游戏没多久，就会觉得无聊，从而转向另一项活动。他的父母经常会在他的房间里发现许多摆弄到一半的东西。他没法在什么活动现场老老实实坐够 10 分钟，也没法安安静静看完一本书。当他和弟弟用游戏剑假装打仗时，他会兴奋到完全失控。通常，他的父母要求他不要去做什么事的时候，总得说好几遍他才听。只是要他等一下才能吃零食，他就会暴跳如雷，搞出很多麻烦。要是杰登知道饼干放在哪里，他会直奔饼干罐！

三大特征中的最后一个是自控力，海登和杰登就是分别代表了这一维度的两个极端。自控力通常也被称为**自律性**。1 岁之后，儿童调节情绪和行为的能力开始发展。在早期，孩子的自控力表现在他们调节情绪和集中注意力的情况上。在年龄大一些以后，孩子的自控力则体现在能否专注于玩一个玩具、能否很好地遵循指令或者不去做不该做的事情这些方面。

认识你自己的孩子

在读上面这些对孩子的描述时，你可能也在心里拿自己的孩子和这些孩子做比照。你的孩子更像莉拉还是米拉，克洛伊还是佐伊，海登还是杰登？在某些维度上，结论可能很明显。但是在另一些维度上，你可能就需要以一个"爱心侦探"的视角，用更多的时间观察、了解孩子。在试着评估孩子在三大特征上的定位时，你需要记住以下的事情。

寻找多种情境下的一致性。所有孩子都会有害怕、开心、生气、冲动的时候，所以若我们说的是在基因影响下的天生气质，那么你要寻找的是在**各种情境下都表现出一致性**的倾向。这就是为什么前面在描述不同的孩子时，我要描述各个倾向的多种不同表现方式。在确定孩子的定位时，你要考虑到**某一类行为出现的频率**，而不仅仅是单个相关行为是否曾经出现过。如果有一条狗突然咆哮着扑过来，大多数孩子都会表现得很恐惧（大多数成年人也是！）。但是性格上容易恐惧的孩子，就算他们看到的是表现很乖的小狗，也会感到害怕。而且不仅是怕狗，这样的孩子还可能总是害怕离开父母、害怕结识新朋友、害怕去新的地方，以此类推。

考虑到时间上的一致性。受基因影响的气质特质还会表现出**时间上的一致性**。这意味着随着孩子的成长，你会对其先天遗传倾向有更好的了解。许多气质特征最早在孩子 2~3 个月时就开始显现出来了。你与孩子相处的时间越长，就越能确定什么是他们真正稳定的特征，而不仅仅是某个发展阶段表现出的特征。例如，蹒跚学步时期的孩子通常会有一个展现独立性的阶段，对你的所有要求都坚决说"不！"。这并不是说你的孩子以后注定会成长为一个叛逆少年，这只是意味着你的孩子正处在幼儿期的某个阶段而已。气质其实是从 3 岁时开始稳定的，所以孩子越大，你对他们遗传倾向的评估就越准确。基因会影响每种行为随年龄渐长而稳定表现的程度，因此，只有在孩子长大过程中持续表现出来的行为才能更准确地反映基因倾向。如果孩子在幼儿期害怕动物园里的小动物，害怕去上幼儿早教课，害怕去幼儿园，想和小朋友玩又会犹犹豫豫，而随着时间的推移这些行为仍然存在，甚至程度更加严重，那么你就可以比较确信，这并非阶段性的表现，而是孩子的个性倾向具有焦虑特质。

考虑到孩子的年龄。请记住，个体差异本质上反映的是大脑连接方式的不同，而儿童的大脑正处于快速发育期，因此儿童在发育的不同时间点容易表现出不同的特质。与外向性和情绪性相关的行为很早就会表现出来，比如婴儿在爱笑的程度（外向性：积极情绪）以及痛苦和沮丧的程度（情绪性）上就有所不同。类似的还有他们爬来爬去的程度（外向性：活动），以及对探索新的地方或玩具的喜爱程度（外向性：探索）。在接近 1 岁时，孩子会开始显现对新事物的恐惧程度（情绪性）。自控力则最后才显现（这对家长们来说是个坏消息），这种能力 1 岁之后才会开始出现，并在 2~7 岁迅速发展。要记住，根据孩子所处的年龄段，你可能还没到了解他们全部自然倾向的时候。

考虑你自己的偏倚。正如孩子会根据他们的自然倾向感受世界一样，遗传倾向也会影响**我们自己**作为父母看待世界的方式，进而影响我们对孩子行为的理解。天生就更小心谨慎的父母会把孩子的不受教看成一种莽撞行为，相比之下，天生更喜欢刺激、爱冒险的父母则不然，他们可能觉得孩子"有个性"没有什么大不了的。所以，你如果想衡量孩子的先天倾向，可以再找一些在孩子生活中值得信赖的成年人，比如你的伴侣、孩子的保姆或是和孩子相处时间很长的祖父母，让他们也谈谈孩子在每个气质维度上的定位，这样会很有帮助。

排在最后但同样重要的一点：要坦诚。当你在考察孩子的自然倾向的时候，先别去担心家里的老人会怎么想，也别去想你**期望**的孩子是什么样。了解孩子受基因影响的倾向，是为了找出什么样的教养方式更适合孩子，也是为了让家庭更加和谐。有的性格可能一开始看上去比其他的更"好"，但就像前文所说的，性格本身并无好坏之分。**性格也不是命运。**你必须真诚、客观地正视自己的孩子，因为这是选择最佳教养方式的唯一途径。

你的孩子与三大特征

本章的末尾附有"关于你孩子的一切"测试，该测试包含一系列问题，深入到了三大特征中的每一个维度，帮助你了解孩子的自然倾向。要知道，孩子年龄越大，你就越能准确地评估他们在每一个特征上的定位。接下来的几章将引导你了解每一个特征及其组合，并更深入地探讨在每一个特征的高／中／低位置对孩子来说意味着什么。你会注意到，在这整本书中，我都特意把孩子在这三个特征上的情况描述为**连续体**，此处使用"高／中／低"的说法只是为了简便说明，而我通常不使用这样的标签化说法（第四章中的"外向／内向"除外，因为这是描述外向性高低的非常普遍的表达方式）。

标签化是很多人格测试采用的方法。这种方法可以追溯到古希腊时期，古希腊人将人分为四种气质类型：多血质（sanguine）、胆汁质（choleric）、抑郁质（melancholic）和黏液质（lymphatic）。著名的迈尔斯-布里格斯类型指标（Myers-Briggs Type Indicator，MBTI）将人们的特质分为四类（内倾型或外倾型、实感型或直觉型、思维型或情感型、判断型或知觉型），并产生由四个字母构成的十六大"类型"（向我 ESTJ 型的同事们致敬！）。甚至连霍格沃茨魔法学校的哈利·波特和其他学生也是通过分院帽测试被分到不同学院里的。

群体认同是一件有趣的事情，从进化角度也可以解释为什么人们喜欢被归类到某个群体中——作为群体的一分子可以更有安全感和归属感。但因为人类的人格和气质是连续变化的，所以人的特质并不能被分成截然不同的类别。换言之，基因影响的是我们身上某种特质先天的**程度如何**，而这些特质的展现方式和程度会随着环境的变化而变化。例如，你可以通过教育来帮助一个天生自控力较差的孩子，培养他的自控力（我们将在第六章中进行讨论）。虽然这没法保证让他变成那种能安静坐几个小时都不动的纪律标兵，但至少可以让他少惹几次大麻烦！人的行为是分布在一个连续体上的，记住这个事实，因为它提醒我们，人是可以改变的。

在接下来的章节中，我们将讨论不同性格的优势，以及它们可能给孩子和父母带来的挑战。我们还将讨论针对不同孩子的最佳教养策略。简言之，接下来的几章会帮助你将所学的知识付诸实践，这些内容就像一张教养路线图，**助你**引导你那个独一无二小朋友，**帮他/她**能更好地面对这个世界。在儿童发展心理学中，我们称之为**适配性**（Goodness of Fit）[1]。

亲子间的适配性

适配性指孩子与父母之间的匹配度，广义上还包括孩子与所处环境之间的匹配度。适配性对于幸福、无压力（或至少是低压力）的家庭生活至关重要。有些父母和孩子很幸运，天生就有着不错的适配性。举个例子，妈妈非常喜欢书籍，而女儿又喜欢别人给她读书。妈妈会带着女儿到图书馆的幼儿阅读区一起选书，一起依偎在阅读角，共度美好的亲子时光。她们也会喜欢一起做拼图游戏或涂色游戏。或者妈妈曾经是学校里的运动明星，喜欢运动，喜欢参加体育比赛，而她女儿也喜欢这些。所以妈妈老早就为女儿报名了体育兴趣班，还会带着全家去看当地的棒球和足球比赛。全家人都非常喜欢与其他球迷一起为心仪的队伍欢呼。

当亲子间天生就有很好的适配性，同时又有良好的环境配合时，孩子就会茁壮成长，而父母通常不会觉察到这背后的原因。教养孩子显得如此"轻松简单"。在这种情况下，父母往往将孩子对书籍或运动的热爱归因于他们对孩子的引导，以及给孩子创造的环境。当然，这种说法也有一定道理。但是，请回忆一下我在第一章中提到的，父母和孩子有相似性实际上并不意味着父母就是在影响孩子的行为。父母往往意识不到，这种"良好的匹配"往往只是一种幸运。在上一段的第一个例子中，妈妈和女儿的外向性都不高，且自控力好。在图书馆看书或者玩拼图游戏这样的安静活动对她们而言都会有吸引力。在第二个例子中，妈妈和女儿都具有高度的外向性，她们都喜欢和很多人在一起，过热闹的生活。像体育运动这样活跃、刺激的活动对她们会很有吸引力。此外，有事实证明，运动能力实际上也是受基因影响的，所以这对母女在这方面可能也是匹配的。

但是，想象一下，如果一个喜欢安静地泡在图书馆的书迷妈妈有了一个高外向性、低自控力的孩子，会发生什么？妈妈会再三尝试给女儿读书，女儿却总是无动于衷，因为女儿根本不想安静地坐着看书。她会从妈妈的腿上跳下来，把棍子当马骑，在房间里飞驰。在图书馆的亲子阅读时光就更让妈妈尴尬了，女儿会一次次地想要站起来在图书馆里跑上两圈，还会把书从书架上拿下来，瞟一眼封面就扔在一边，冲向下一本。随着这种情况一周又一周地发生，妈妈的失望与日俱增，她觉得自己必须不停地管教孩子，哪里还谈得上什么享受亲子时光。

在第二个例子中，请再想象一下，如果一个爱运动的妈妈有一个低外向性的孩子又会发生什么呢？妈妈想带女儿去上体育游戏课，或者一起去为姐姐的足球比赛加油，但是女儿却觉得那么多人、那么喧闹的活动难以忍受。她不断恳求妈妈不要去，如果妈妈仍然坚持，她就会到角落里生闷气，拒绝参加。

在这两种情况下，母亲本来都是好意，想要给孩子提供她们自以为孩子会喜欢的东西，同时也是想与孩子建立亲密连接。但是我们如果足够坦诚，就可以看出，我们为孩子提供的东西往往是**我们自己**想要的，而且还会很自然地假设孩子会喜欢我们所喜欢的东西。想当然地认为别人（尤其是自己的孩子）的大脑连接方式与我们的一样，是一种天然的预设。毕竟，我们都是带着自己的滤镜来看待这个世界的。

当父母和孩子的天生气质具有与生俱来的适配性时，一切都会顺顺利利。但是，父母和孩子的自然倾向不同，尤其是当父母还没有觉察到这一情况时，就可能导致亲子之间出现越来越多的摩擦，并给每个人都带来很多挫折感。这会对家庭关系造成很大的伤害。在前述两个"不匹配"的家庭当中，两位母亲怎么也不明白为什么她们女儿的行为会如此不佳，而自己也陷入了消极、冲突的循环中。没有人愿意在图书馆里被其他父母怒目而视，还得不停地让自己的孩子安静下来，规矩坐下。也没人愿意在体育馆里花大把时间哄着缩在角落里、紧抓门框、眼含热泪的孩子去参加体育游戏课。

这两位母亲需要了解的是，她们为孩子策划的活动只是不适合孩子的性格。而如果碰巧孩子的情绪性水平又很高，结果可能就是孩子发脾气和坚决反抗。

理解亲子之间的适配性并不意味着你就得成为孩子性格的奴隶，它只是辅助你做出更好的决定，并预测哪些活动对孩子而言可能是天生合宜的，而哪些活动可能需要你三思后再决定要不要孩子参加。

了解你自己的个人特点

关于如何与孩子建立适配性，我们还需要了解最后一件事。通过上述例子你可能已经意识到，适配性不仅与你孩子的天生性格有关，与**你自己**也有关。我们在第二章讨论过，父母在基因影响下的性格，会影响他们的教养方式和对孩子的反应。例如，对有的家长而言，如果自己的孩子有着高度的外向性，同时缺乏自控力，他们就会感到极度焦虑，家里可能还得常备速效救心丸。而放在另一个气质不同的家长身上，孩子同样的行为可能就让他感觉很骄傲，这个家长会拍拍孩子的后背称赞："嗯！不错！"因此，要保证你和孩子之间有良好的适配性需要你对孩子和自己都进行仔细的评估。

在"关于你孩子的一切"测试之后，你会看到"关于你的一切"的测试。这项测试在一定程度上反映了你自己的遗传倾向和多年来的生活经验，将让你对自己的性格本质有更深入的了解。

这些测试是评估你和孩子在三大特征中的定位的工具，同时提供了一份你们性格的汇总表以供比较。这些信息将作为后续章节的基础，进而帮助你更好地理解孩子，了解孩子是如何唤起你的特定反应的，以及如何与孩子建立适配性。理解你和孩子之间相互产生的动态影响，最终可以让你们相处得更加幸福、快乐，并帮助你挖掘出孩子的潜力。

采取正确的心态

在开始做这些测试之前还有最后一件事要考虑。作为父母，了解孩子的先天倾向会很有帮助，但你也要小心避免产生固化的心态，以为孩子的倾向是一成不变的（比如："我的孩子情绪性水平很高，这一点永远不会改变，我这辈子都得跟这种臭脾气较劲了。"）。**基因的工作方式并不支持这种想法**。是的，先天倾向对孩子的行为有着深远的影响，了解这些倾向可以让我们预见挑战，并帮助孩子克服困难。但更重要的是，我们还可以认识孩子的天然优势，并让这些优势进一步发挥出来。了解我们的孩子**可以**让我们更好地帮助他们成长。

心理学家卡罗尔·德韦克（Carol Dweck）写了大量文章来探讨**成长心态**相对于**固化心态**的优势[2]。成长心态认为人可以通过自己的努力、适当的训练和他人的帮助来培养自己的天赋。这正是接下来几章要帮助你做的事——认识你孩子的自然倾向，以及如何采取正确的策略来帮助他们充分发挥潜力。德韦克的研究表明，你看待自己的方式会对你的生活产生深远的影响。进一步说，我们看待孩子的方式也会对孩子的生活产生深远的影响。

德韦克指出，作为父母，我们对孩子的期望和梦想很容易转化为一种固化心态：**总想把孩子塞进我们自己心目中的模子**，比如他／她应该是品学兼优的尖子生、艺术小天才、话剧小明星、哈佛毕业生——或者我再加一条，他／她应该是一个可以和家长一起安静看书或快乐运动的乖孩子。如果孩子的自然倾向与我们的想法不匹配，我们可能就会在无意中向孩子传递这样一种信息，即我们是在根据他们应该是谁（或不是谁）来评判他们，而且我们对他／她并不满意。此外，当我们的孩子遇到挫折时（挫折总是不可避免的），作为父母，我们可能会立即开始担心起孩子的未来，这也是固化心态的一种反映。如果孩子现在没有自控力，无法安静坐好、集中注意力，那他／她考不上大学怎么办，找不到工作怎么办？！但这其实是在告诉我们的孩子，我们对他／她成长、改变和发挥潜力的能力没有信心。

接下来的测试将帮助你了解孩子的自然倾向，但要记住，人的发展是一个**过程**。作为父母，你最重要的任务之一是帮助孩子看到并欣赏他们自己独特的才能和爱好，协助他们应对挑战，并引导他们成长为最好的自己。

"关于你孩子的一切"测试

下面列出的一系列描述，是儿童在各种情境下可能出现的应对方式。对每个问题，试想一下你的孩子**通常**的反应是怎样的。根据孩子的年龄段，某些项目可能比其他项目更适用。在每条陈述下面的线上做一个标记，标明该陈述与你的孩子一致的程度（**完全不一致**标在最左侧，**完全一致**标在最右侧）。如果你的孩子与陈述既不完全一致，也不完全相反，那你就标记在中间。尽量用上整条线的范围来标记孩子与该陈述一致的程度。

外向性（Ex）

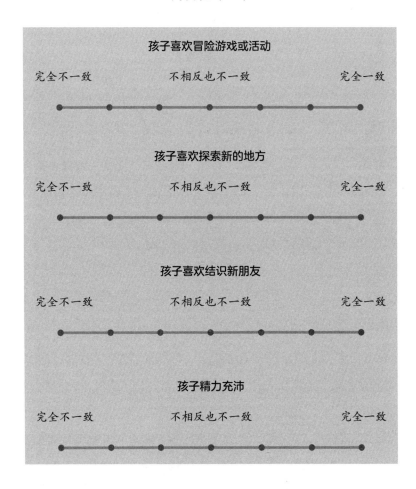

看看你在上述问题上的标记，如果在横线的右半部分有很多标记，那么孩子自然倾向的外向性就较高。如果大部分标

记都在横线的左半部分，那么孩子的外向性就较低。有的孩子在这个维度上落在中间位置，就是并没有特别外向或特别内向。以下是关于低外向性的指标。

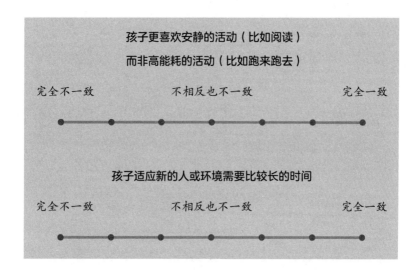

回顾一下你对以上关于高外向性、低外向性指标问题的回答。大部分标记在什么位置？总体来说，孩子的外向性如何？

情绪性（Em）

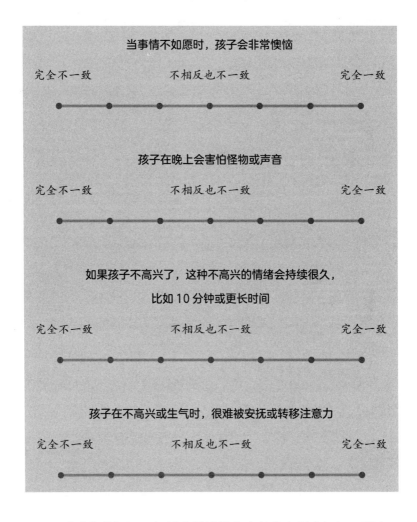

看看你的标记，如果在横线的右半部分有很多标记，那么

孩子天生的情绪性倾向就较高。如果大部分标记都在横线的左半部分，那么就说明孩子情绪性较低。以下是关于低情绪性的指标。

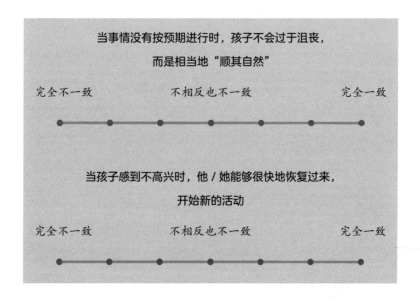

回顾一下你对以上关于高情绪性、低情绪性指标问题的回答。大部分标记在什么位置？总体来说，孩子的情绪性如何？

自控力（Ef）

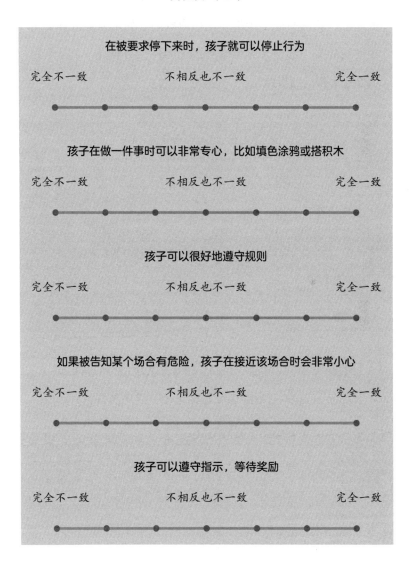

看看你在上述问题上的标记。如果在横线的右半部分有很多标记，就说明孩子天生的自控力较高。如果大部分标记都在横线的左半部分，那就说明孩子的自控力较低。以下是提示自控力较低的指标。

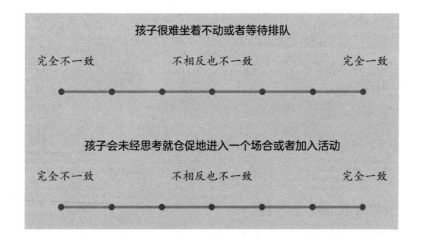

回顾一下你对以上关于较高、较低自控力指标问题的回答。大部分标记在什么位置？总体来说，孩子的自控力如何？

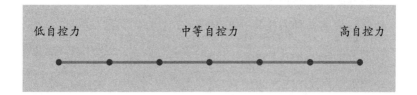

儿童情况概述

根据以上的回答，在下面的表格中标出你的孩子在三大特征中的情况。

外向性（Ex）	低	中	高
情绪性（Em）	低	中	高
自控力（Ef）	低	中	高

为了方便记忆，我附上了每个特征首字母的缩写：Ex（外向性）、Em（情绪性）、Ef（自控力）。你可以把孩子的三大特征记成高 Ex、高 Em、低 Ef（根据实际情况调整）。这种缩写可以让你快速记住孩子的气质和倾向。

"关于你的一切"测试

在探索你自己的自然倾向时，请考虑以下问题。这些问题与评估儿童的问题不同，因为成人在遗传倾向和多年生活经验的影响下，人格发展程度更高。在下面的测试中，我粗略地将成人的各种人格特质映射到三大特征的对应维度。这部分内容的目的是让你对自己的自然倾向进行思考，以便更好地理解你和孩子之间的互动关系。

外向性（Ex）

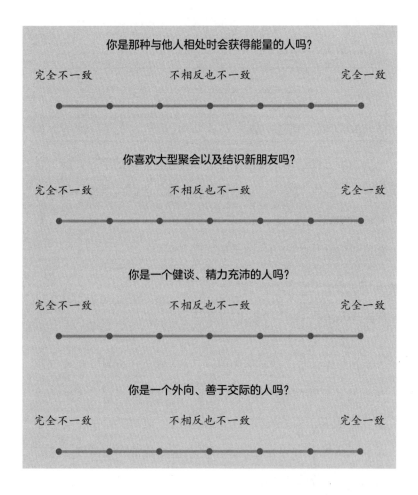

你是那种与他人相处时会获得能量的人吗？

完全不一致　　　　　　不相反也不一致　　　　　　完全一致

你喜欢大型聚会以及结识新朋友吗？

完全不一致　　　　　　不相反也不一致　　　　　　完全一致

你是一个健谈、精力充沛的人吗？

完全不一致　　　　　　不相反也不一致　　　　　　完全一致

你是一个外向、善于交际的人吗？

完全不一致　　　　　　不相反也不一致　　　　　　完全一致

以上都是外向性的指标。答案靠右代表高外向性，靠左代表低外向性。以下是低外向性的指标。

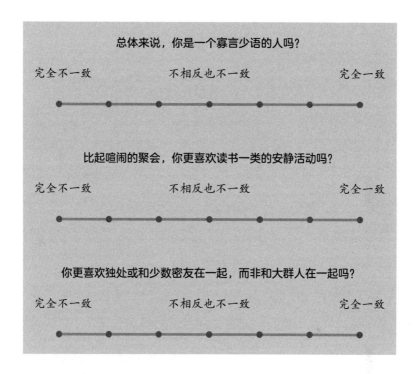

第一组问题的回答靠左，以及第二组问题的回答靠右，都代表着低外向性。

回顾一下你对以上关于高外向性、低外向性指标问题的回答。大部分标记在什么位置？总体来说，你的外向性如何？

情绪性（Em）

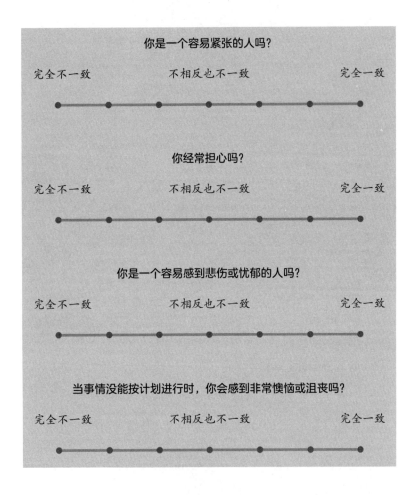

你是一个容易紧张的人吗？

完全不一致　　　　　不相反也不一致　　　　　完全一致

你经常担心吗？

完全不一致　　　　　不相反也不一致　　　　　完全一致

你是一个容易感到悲伤或忧郁的人吗？

完全不一致　　　　　不相反也不一致　　　　　完全一致

当事情没能按计划进行时，你会感到非常懊恼或沮丧吗？

完全不一致　　　　　不相反也不一致　　　　　完全一致

　　以上问题的答案靠右代表高情绪性。接下来是低情绪性的一些指标。

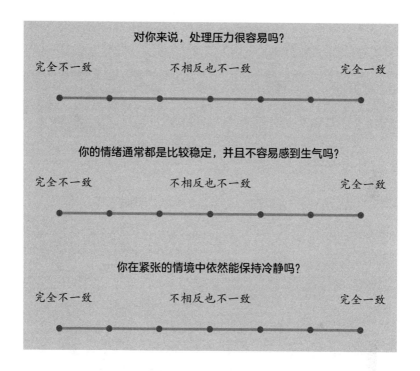

对你来说，处理压力很容易吗？

完全不一致　　　　　不相反也不一致　　　　　完全一致

你的情绪通常都是比较稳定，并且不容易感到生气吗？

完全不一致　　　　　不相反也不一致　　　　　完全一致

你在紧张的情境中依然能保持冷静吗？

完全不一致　　　　　不相反也不一致　　　　　完全一致

回顾一下你对以上关于高情绪性、低情绪性指标问题的回答。大部分标记在什么位置？总体来说，你的情绪性如何？

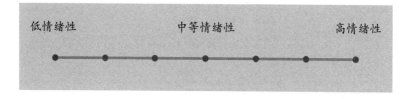

低情绪性　　　　　中等情绪性　　　　　高情绪性

自控力（Ef）

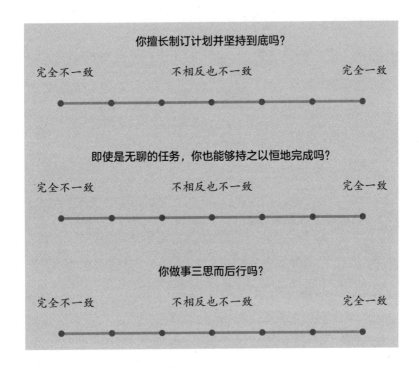

你擅长制订计划并坚持到底吗?

完全不一致　　　　　　不相反也不一致　　　　　　完全一致

即使是无聊的任务，你也能够持之以恒地完成吗?

完全不一致　　　　　　不相反也不一致　　　　　　完全一致

你做事三思而后行吗?

完全不一致　　　　　　不相反也不一致　　　　　　完全一致

　　以上问题的答案靠右代表更好的自控力。以下是低自控力的指标，答案靠右代表自控力较低。

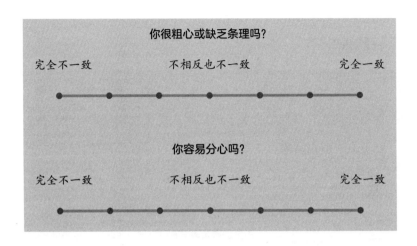

回顾一下你对以上高自控力、低自控力指标问题的回答。

大部分标记在什么位置？

总体来说，你的自控力水平如何？

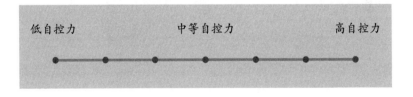

冒险性

还有一个重要的维度需要考虑：冒险性。在儿童中，冒险性与外向性、自控力有关。但成年人的大脑更复杂，分化程度更高，所以冒险性与外向性和自控力是区分开的。请花一点时间思考以下陈述是否符合你的情况。

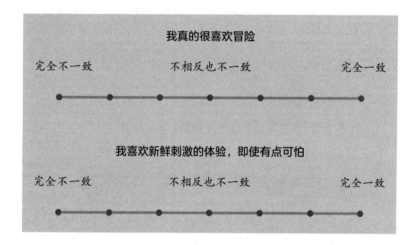

总的来说，你的冒险性如何？

你和孩子的情况概述

根据以上的回答，再回顾一下你孩子的情况，在下面的表格中标出你们在三大特征以及冒险性上的情况。

维度	我的情况概述	孩子的情况概述
外向性（Ex）	低 / 中 / 高	低 / 中 / 高
情绪性（Em）	低 / 中 / 高	低 / 中 / 高
自控力（Ef）	低 / 中 / 高	低 / 中 / 高
冒险性	低 / 中 / 高	

现在，比一比你们在气质上有多相似？我们作为父母承受的许多压力，都是因为孩子的天生气质与我们为孩子创造的环境不匹配，而这种环境往往是我们自身气质的无意识反映。好消息是，通过觉察并了解这些"不匹配"之处，我们可以很容易地将其消除。此外，让孩子了解他们受基因影响的气质，可以帮他们更好地了解自己，并让他们学会如何协调自己的自然倾向，进而使他们能够建立起自己的优势，掌握应对麻烦的策略。接下来的几章将更详细地讨论气质的每个维度，并向你说明如何为你和孩子建立更好的亲子适配性。

要点

◆ 孩子的差异主要表现在三大受基因影响的性格特征上，

这三大特征分别是：外向性（Ex）、情绪性（Em）和自控力（Ef）。

◆ **外向性**，指与孩子的积极情感、活动水平和探索行为相关的天生倾向。

◆ **情绪性**，指与孩子痛苦、恐惧和挫折感相关的天生倾向。

◆ **自控力**，指孩子调节情绪和行为的能力。

◆ 不同性格类型的孩子需求不同，会给父母带来不同的挑战。

◆ **适配性**，指孩子与父母以及与更广泛的环境之间的匹配度。

◆ 当孩子的气质和环境相匹配时，他们就会苗壮成长。

◆ 了解孩子以及你自己的天生性格类型，有助于你和孩子建立更好的亲子适配性，减轻双方身上的压力。

第四章

● ● ● ● ━━━ ● ● ● ●

外向性："妈妈，我想出去玩。"

你是外向型还是内向型？

事实上，我们每个人心中早有答案。我是外向的人。对我来说，愉快的周末就是跟一大群闺蜜一起去新餐馆吃吃喝喝（在我 20 多岁的时候，是去跳舞！）。我喜欢和人在一起，喜欢去新地方，尝试新事物。如果我被关在家里太久没有和人说话，我会发疯的。当我一个人在家对着电脑码了一天字，等我丈夫终于下班回到家，他换鞋的一会儿工夫我就恨不得跟他聊上个几百句话。

我们比较了解成年人的内向和外向。如果跟内向的人说周末必须参加单位团建，其中还有和陌生人聊天的环节，他们肯定会退缩。而如果把外向的人安排坐在桌子后面，整天没有人和他们说话，他们也会很痛苦。我们能认识到外向性水平影响着我们成年人日常生活的很多方面，比如对他人的回应方式以及对各种活动的取舍。但我们是否同样仔细地考虑过外向性／内向性对孩子的影响呢？这是一个问题。

孩子从很小的时候就已经开始表现出在交际方面的天生偏好，以及对喧闹／安静活动的喜好程度。就像成年人一样，强迫他们进入不适宜的环境会让他们感到非常不适。但更糟糕的是，孩子的认知成熟度不足以让他们能应对这种不适，这会导致他们情绪失控或行为不当。

在本章中，我们将讨论该如何认识和对待不同外向性水平的孩子，这将帮你更好地了解外向性水平对儿童行为、亲子互动的影响。同时，这还有助你发现不同外向性水平孩子的优势和不足。最后，我们还将讨论针对不同外向性水平孩子的教养策略重点。

虽然我们会把内向和外向说成两种似乎不同的性格，但请记住，它们实际上处于一个连续体中。在学术研究领域，我们用一种"从高到低"的连续分布来描述人的外向性。本章中，我们把性格处于这一连续分布两端的孩子简称为"外向型"和"内向型"，但要记住的是，外向性不是"非此即彼"的，孩子的情况会分布在外向性连续体上的各个位置，而且有相当多的孩子位于中间段。这些中等外向性的孩子可能具有一些典型的外向性特征,也会具有一些典型的内向性特征,这一点和成年人是一样的。

高外向性儿童

我3岁大的宝宝正在幼儿游泳池边上坐着,这时一个和他年龄相仿的小女孩走过来,坐在他旁边。"嘿,我是萨凡娜,你叫什么名字? 我们做朋友吧。你特别喜欢游泳池吗? 我家里也有一个游泳池。你什么时候能来我家? 我们可以一起玩好玩的东西! 我们去问问我们的爸爸妈妈吧。我们也可以玩过家家。你当爸爸,我当妈妈。我有好多玩具。你喜欢什么样的玩具啊?"我儿子坐在那里哑然地盯着她,好像她是个外星生物。萨凡娜是一个满分的高外向性宝宝,而我的内向宝宝不知该怎么对待她!

性格外向的孩子天生喜欢结识新朋友,去新地方,尝试新事物。他们通过与他人相处来获得能量。他们会去和陌生人搭讪。他们会很健谈(我小时候的绰号是"小话痨",而我妈妈被叫作"小话匣子"——这是家族内高外向性遗传的典型例子)。高外向性孩子喜欢有啥说啥,他们会把自己一整天的活动，还有脑子里奔腾的各种想法都讲给你听。他们喜欢多种多样的人和事。他们还会很乐意成为被关注的焦点，并且追求这种状态。

优势

如果你的孩子是高外向性的，你可能已经发现，外向性格有很多好处。高外向性孩子在社交活动中更活跃，他们能很快就交到新朋友。把高外向性孩子带到游乐场上，他们会马上跑去和其他孩子一起玩。如果小区里有篮球赛，他们会立马加入。

高外向性孩子很讨人喜欢。对父母来说，看到孩子与其他人友好互动会感到很欣慰。我还记得我的侄子格雷松在3岁大的时候，虽然连走路都还不利落，但是在沙滩上他仍然会跑到一群扔球的大孩子面前，说："嘿，伙计们，一块儿玩吗？"他太可爱了，所以这帮大一些的女孩们带着他一起玩了一整天（格雷松的妈妈也能喘一口气，因为她不用再追着娃跑了！）。高外向性孩子在互动时会给人很轻松的感觉，这使他们很受大人和其他孩子的欢迎。

愿意结识新朋友、尝试新事物，让孩子有了更多成长和学习的机会，并且更容易产生积极的情绪。与成人和其他孩子互动还可以提高社交技能。愿意去新的地方让他们有更多的机会去体验并向世界学习。有人指出，这种正反馈循环可以增强孩子实现目标的动机。此外，天性乐观的倾向在他们面对挑战时也可以作为一种缓冲。

高外向性会让孩子在学校里具有优势，甚至在步入社会后也一样，因为外向者通常被视为天生的领导者。整个社会都很看重那些外向者的典型特征。这被称为外向者优势。最新研究表明，外向的人有一种意想不到的取得优势的方式[1]：他们更善于下意识地模仿互动对象的肢体语言、言语模式和行为活动。这被称为**拟态**（mimicry），需要把注意力更多地放在对方身上才能做到。众所周知，相似的言语和肢体语言可以增加人与人之间的积极情感，这可能是人们似乎更偏爱外向的人的原因。

不足

高外向性孩子会带来很多美好的事情，但也有一些不那么美好的事情。高外向性孩子总是很"忙碌"，他们渴望着各种活动和兴奋感，这些渴望会化作大量旺盛的能量！这就是说，作为父母，我们得让他们忙起来（不然的话可有的闹了！），而这大量的活动会让人筋疲力尽，尤其是如果你自己的外向性水平较低的话。许多高外向性孩子的自控力水平也较低，低自控力加上旺盛的精力，足够让家里变得一团糟！我的一个朋友曾经开玩笑说，她过去很不解为什么那么多父母打从天一亮就像个陀螺般旋转个不停，直到她生了第二个孩子（高外向性）之后才明白。她在抚养第一个孩子（低外向性）的时候，养成了每天早晨慢慢喝上一杯咖啡，让孩子在旁边自己玩玩具的习惯。但是自从家里有了老二之后，悠闲静谧的早晨就此消失了，打从老二眼睛睁开、双脚落地的那一刻起，混乱的生活就开始了！

高外向性孩子带给父母的另一个挑战是，他们渴望不断与他人互动——老实说，这有时候可能真的有点招人讨厌。高外向性孩子只了解自己在这个世界上的生活方式（就像我们每个人只了解自己的生活那样），所以可能缺乏自我觉察。他们可能没有意识到，孩子也好，大人也好，不是每个人都想一直有人陪伴。高外向性孩子可能会跟着你去浴室、卧室、厨房，像个跟屁虫一样满屋子转。正如我的丈夫至今仍需提醒我，并不是每个人都觉得一直聊天是件开心的事。

如果你的孩子是高外向性孩子，那么还有一件事需要你关注：孩子在小时候可能很可爱，但到青春期时可能就会让人费心了。随着年龄的增长，高外向性孩子更有可能给父母带来挑战。因为高外向性的青少年喜欢和同龄人在一起,所以他们更容易受到同龄人的影响。与生俱来的社交天分使他们更关注别人的想法,也使他们更易尝试酒精或其他药物,以及参与其他危险的行为。那个现在以热门歌曲伴舞来逗乐你朋友的小宝宝,更有可能在 15 年后的朋友聚会上跳到桌子上跳舞。

低外向性儿童

只要我们同意,我的女儿可以宅在家里玩上一整天。她会把她的小盘子小碗拿出来,拉上我们一起假装做个饭,然后再自己跟洋娃娃玩上一会儿。她还会把书拿出来,坐在小椅子上看看书上的图,还会玩玩涂色游戏或者拼图。她也能够在家里给她的玩具小马们搭建一整个梦幻世界。而这样假装做饭,或者给小马搭房子的游戏,我们两口子能陪她玩上十分钟就已经是极限了。

外向性较低的孩子更关注自己的想法、情感和游戏的内在世界。他们喜欢安静的活动和独处的时间,他们的生活不需要一直有各种各样的活动、冒险或陌生人。事实上,过多的刺激会让低外向性孩子感到难以承受。他们和很多人打交道或忙碌一阵子之后,需要一段安静的时间来充电。低外向性孩子更喜欢与少数几个人相处，而非与一大群人在一起。他们不喜欢成为人们关注的中心，对新朋友也比较慢热。高外向性孩子的兴趣和社交都会比较广泛，而低外向性孩子更倾向于只拥有少数密友，并且喜欢专注于一项活动。但是，他们如果适应了你的存在，或者对某个话题非常感兴趣，也可以非常开放、健谈。这可能让你感到好奇，如此讨人喜欢的孩子在众人面前怎么会突然变得那么沉默。低外向性孩子在加入新的活动或团体之前喜欢先观察一番，并且在分享自己的观点或发言的时候需要一些鼓励。

优势

尽管大家都在说"外向者优势"，但低外向性也有很多好处。低外向性的孩子抚养起来可能更容易（尤其是如果他们的情绪性不高的话）。他们天生就更倾向于尊重他人的空间。换句话说：作为父母，你仍可能有一些独处的时间！在学校中，他们往往比较乖巧，不会过分调皮。他们不那么受潮流和同龄人的影响，更能够按照自己的计划和想法行事，并且倾向于在做决定或采取行动之前对事情进行更深入的思考。物理学家阿尔伯特·爱因斯坦就以内向著称。他曾经说过："平静生活的单调和孤独能激发创造性思维。"内向者往往富有创造性、习惯深思熟虑，而且目标更明确。他们倾向于与人建立深厚的连接，重质量，轻数量。他们重视私人性，这使他们更能够独立自主。

不足

外向性较低的孩子可能需要更多的劝说才会去尝试新事物。他们喜欢在舒适区中，新的人或新的地方可能让他们觉得筋疲力尽。因此，如果不稍微给点动力，低外向性孩子可能不会想去探索未知或结识新朋友。社交场合可能增加他们的压力。如果他们的情绪性水平又很高，那么当他们处于不适的环境中，可能就会情绪爆发。低外向性孩子也需要更多的休息时间，因为对他们来说与人相处很累。如果休息时间不够，他们就有可能变得易怒、烦躁。

低外向性孩子比较安静，所以也更容易被忽视。他们不像同龄的高外向性孩子那样受关注，也不太会主动发言。因为他们不会常常跑去黏着父母或老师，所以会给人一种不太需要大人的印象。这可能使这些孩子无法从生活中重要的成年人那里得到他们需要的、应得的关注。他们更加自主，思考更独立，这使他们不那么容易受外界影响——在面对同辈压力时这是件好事，但当他们不太愿意听从你指令的时候就不那么美妙了。内向的人更满足于自己的想法，对其他人的回应可能更慢一点，所以可能给人以固执的印象。如果低外向性孩子被要求说出自己的想法或迅速做出决定，他们可能会感到紧张、不知所措。这可能让人误以为低外向性孩子缺乏灵活性，或者不如那些外向的孩子聪明、敏捷。甚至孩子自己也会怀疑自己，是不是自己不像其他孩子那样可爱、聪明或是不是自己真的有什么问题。

低外向性与害羞

低外向性孩子有时被看作是害羞的人，但害羞和内向实际上是不同的。这两种特质之所以会被弄混，是因为两者会导致类似的行为，比如不愿参加集体活动或不愿与其他孩子玩耍。两者的主要区别在于，低外向性孩子**喜欢**独处，喜欢小团体，而害羞的孩子是想成为群体中的一分子的，只是对社交活动感到紧张（极端情况就是社交焦虑）。害羞的孩子在外向性这一维度上可以处于任何水平。如果其外向性处于中高度水平，那么他们和其他孩子互动的紧张可能导致他们产生孤独感，因为他们是渴望与他人在一起的。反过来，低外向性孩子在互动上可能没有困难，他们只是选择不去互动。

作为父母，你应该最了解你的孩子到底是低外向性还是害羞。想一想：你的孩子在独处时会显得不快乐吗？孩子是否想和其他孩子在一起，但又因为太焦虑而不敢加入？如果以上两个问题的答案都是肯定的，那么你的孩子可能是害羞而非内向，那么培养社交技能将会对他 / 她大有裨益。虽然害羞在一定程度上也受基因的影响（几乎所有东西都受基因影响），但它本质上并不是一种气质特征，是你和孩子可以一起努力改善的。

培养孩子社交技能的策略

不管你家孩子是那种一直找别人聊个不停的高外向型，还是那种不喜欢参加集体活动的低外向型，磨炼社交技能对大多数孩子都是有好处的。就像走路和说话一样，与他人互动的能力也是通过实践来学习和调整的。对发育中的大脑来说，社交技能可能是难以捉摸的：有时你会希望孩子大声地表达（例如当他们看到朋友被取笑时），有时你却希望他们闭嘴（例如，在商店时他们非要去聊聊在你旁边排队的人："妈，快看那个人的头发跟鸡窝一样！"）。

好消息是，随着孩子的成长，他们的社交能力也在不断改善（通常成年人也是如此）。帮助孩子发展社交智慧的最好方法之一就是**对话教育**，即让孩子通过对话进行学习。情绪能力（emotional competence）在大多数社交场合中发挥着核心作用，也就是说，如果孩子能够理解情绪和行为之间的联系，他们就能更好地与他人互动。教给孩子这些技能的机会有很多（问问我儿子就会知道，他称之为"老妈小贴士"，尽管现在已经13岁的他讲到这个的时候会翻个白眼。）。比如，你可以和孩子一起读一本书，聊聊书里的情节，并把角色的情绪和行为联系起来：你觉得兔子为什么这么不开心？如果大象把玩具拿走，你觉得小猪会有什么感觉？如果孩子和你说起另一个孩子在学校里做的事情（一般这是我家孩子在告其他孩子的状："你猜大卫今天干了什么事？！"），你也可以借机谈谈如果那个孩子当时做出不同的选择会怎么样。

你还可以和孩子一起针对他们处理不好的社交场景进行角色扮演。例如，如果你的孩子属于低外向型，在说话时很难看着大人的眼睛，那么你就可以和孩子一起练习，帮他理解为什么这个技能很重要。你可以给孩子讲一个故事，但是在讲的时候你一直看着地面，然后问问孩子的感受。这可以帮助他／她明白，如果对话时没有眼神交流，对方会感到不舒服。然后让他／她练一练，在给你讲故事的时候保持眼神交流。

"熟能生巧"（或起码有所好转）说的不只是体育运动，这句话同样也适用于儿童的社交技能。当孩子在社交上表现得更好的时候你一定要表扬他们——比如当高外向性孩子把表达的机会让给别人的时候,或者当低外向性孩子主动结交新朋友的时候。口头奖励是帮助孩子成长的好方法,会使你希望看到的行为出现得越来越多(下一章将详细介绍)。表 4.1 是不同外向性的儿童常见的活动偏好,供你参考。

表 4.1　不同外向性的儿童常见的活动偏好

高外向性儿童	低外向性儿童
喜欢结识新朋友	更喜欢与小团体或密友相处
喜欢探索新的地方	社交活动后需要"充电"
喜欢尝试新鲜事物	喜欢在进行新的活动前先观察
话多,想到什么说什么	喜欢安静的活动
喜欢成为瞩目的焦点	不喜欢成为瞩目的焦点
容易交到新朋友	对新朋友慢热
需要大量的肯定	满足于独自玩耍

根据外向性水平来教养孩子

在教养过程中,弄清楚孩子的需求似乎是最具挑战性的部分。幸运的是,了解孩子的外向性水平对此会有很大的帮助。

不同外向性水平的孩子需要父母给他们不一样的东西。而作为父母,我们也应该根据孩子的天性来做一些简单的调整,与孩子之间建立更好的适配性。不同外向性水平的孩子会有不同的**成长领域**,这些领域可能不是天生的,但我们可以帮助他们开拓。

教养高外向性孩子

高外向性孩子渴望着与你及其他人进行互动。以下是一些策略,可以给孩子提供他们需要的出口和想要的关注,同时也可以让他们意识到安静的时间并不坏,而他们也需要学着把出风头的机会分享给别人。

多给他们一些社会性刺激。外向性高的孩子往往会在活跃、繁忙的环境中得到很好的成长。他们需要社会化的机会。作为高外向性孩子的父母,你可以让他们去接触各种不同的环境,因为他们会更愿意尝试也会更喜欢新事物。聚会、游乐园、保龄球馆、音乐会、体育比赛、儿童剧院、舞蹈/健身班、野营/团体活动、公园……任何以人为中心的场所或场合可能都非常适合外向性高的儿童。父母可以搜罗一下本地的可选活动,列个单子,贴在冰箱上。我的一个朋友就在餐桌旁贴了一张清单,写了我们这里所有的儿童活动(还有可以去的博物馆、公园等）以及每个项目的营业时间。她清楚地知道每项活动在哪天举行、公园几点开放。这样，吃完早餐，她就能迅速地把高外向性的儿子带出家门，以免他旺盛的精力在自家的斗室里释放开来。

多提供一些反馈。高外向性孩子喜欢把事情说清楚。他们的大脑就是为互动而设计的。他们能从别人的积极回应中获得能量和动力。也就是说，高外向性孩子渴望着你的关注和反馈。他们想让你看着他们爬上攀登架，然后告诉你他们爬了多么多么高！他们还想给你讲，他们在学校都做了些什么事，然后让你一起高兴。如果你也属于高外向型，你可能就会自然而然地回应他们："哇，你爬得真高！真棒！""那听起来太好玩了！"但如果你属于低外向型，你可能就会觉得不那么自在了。有低外向性的父母跟我说过，他们总是得不停地去管孩子的各种行为，但是怎么管都管不住，再或者他们会觉得让孩子一直得到表扬是不好的。

如果你是一个低外向性的家长，请记住，高外向性孩子的大脑连接方式和你的是不同的，他们需要反馈来帮助他们成长。如果没能从你这里得到反馈，他们就会从别人那里寻求——这就不一定是好事了。还要注意的是，给孩子反馈并不等同于给他们大量的、虚假的表扬，而是说你可以就他们的行为给出回应:"今天你在学校做了那么多事啊!""你和其他小朋友玩了那么多游戏啊!"也不要害怕庆祝他们的进步:"你骑自行车骑得越来越好了!""你和其他孩子相处得很棒啊!"提供积极的反馈可以强化你希望孩子多多出现的行为。不要忽视好的表现而只对坏的表现有回应,因为孩子会很快发现什么样的行为才能引起你的注意!

教孩子慢下来。因为高外向性孩子总是喜欢忙个不停,所以要由你来教他们慢下来的重要性。是啊,探索世界、参与各种各样的活动确实是很美妙的事情,但是不管我们能否意识到,我们所有人都是需要"充电"的。这可不是高外向性孩子天生就能懂得的。高外向性孩子,尤其是当他们长大一些后,可能在兴奋感的推动下过多地参与各种各样的活动,从而让自己感到不堪重负。如果你的孩子是高外向性儿童,你可以从孩子很小的时候起,就开始教他们休息的重要性。学会如何调节自己,做事不要过度是高外向性孩子需要培养的重要技能。虽然高外向性孩子喜欢社交互动以及随之而来的积极情绪,但他们仍然可能因此疲惫不堪,进而和你抱怨、争吵、发脾气。毕竟累的时候,谁都没办法保持最好的状态。

你可以试着在社交活动或户外郊游之外,尽可能找点时间和孩子进行一些安静的活动。重要的是,告诉孩子你为什么要这样做,这样他们才能理解花时间放松、休息的重要性,并慢慢将这种观念内化。下面是一些供参考的示例。

高外向性孩子:我们去游泳池吧!

家长:我们已经和好朋友们在公园玩了一个上午了。我知道你喜欢和大家在一起,但是大家都需要一些时间来"充电"。咱们一起玩玩拼图怎么样?

……

高外向性孩子:我想去公园!

家长:我知道去外面是很好玩,但我们都需要花些时间放慢一点,不然我们可能会把自己给累趴下。你去玩一会儿在你生日时买的那艘新乐高飞船怎么样?

如果高外向性孩子对此表示拒绝或抗议,不用惊讶。毕竟,他们天生的倾向就是停不下来!大脑的连接方式让我们渴求着我们喜欢的东西,而高外向性孩子就是喜欢互动。但作为父母,我们的任务之一就是温和地调整孩子的自然倾向,帮他们认识到(我们人类)必须在一定程度上约束自己的欲望。而且父母也是衡量孩子活动和互动需求及其上限的最佳人选。我这样说并不是要父母每天都非常严格地控制孩子的作息时间

（除非对你和你的孩子来说，这招特别好使）。而是你可以感觉到，孩子的活动量达到多少是比较合适的，并相应地安排休息时间。不同的孩子对此的需求是不同的。重要的是，你要和孩子谈一谈放慢脚步的必要性，以及引导他们学会享受与自己相处的时间。比如你可以跟孩子说："你有没有感觉到在房间里安静地看看书，会变得精力充沛？现在咱们又可以去玩啦！"或是："有时候，我们不停地跑来跑去，会变得过于兴奋，就像一壶水烧得太热就开锅了一样！所以我们就得把火稍微调小一点，做一些稍微平静一点的事情。"

当你看到高外向性孩子正在享受一项比较安静的活动时，一定要指出来并鼓励他们一下，这样他们就能慢慢建立起联系来："你拼的这个拼图真不错啊！你也特别高兴吧？你看，有时候独立完成一些事感觉很不错。""上午玩累了，躺在草地上看一会儿云彩也很不错啊。"随着时间的推移，这将成为一种习惯，他们会更自如地把安静活动的时间融入日常生活。

教他们反思，培养他们的同理心。高外向性孩子可能也需要父母帮助他们学会反思。正如前面所讨论的，每个人都只知道用自己的方式来面对这个世界，所以自然而然地，我们会用自己的想法去揣度其他人。高外向性孩子需要明白，虽然他们很喜欢和人打交道、喜欢各种活动、喜欢聊天，但并非每个人都是如此。有的人需要更多的安静时间来进行思考,有的人虽然也愿意和其他人相处,但不需要太多对话。如果碰巧孩子身边有一个外向性较低的兄弟姐妹或朋友,就可以以他/她为例来帮助孩子理解:"像你的好朋友迈克尔,你们在一起玩的时候很开心,但你有没有注意到,迈克尔不像你讲这么多话?所以有时候你可以停一下,让迈克尔也有时间说话。"或者:"我知道你喜欢想到什么就去做,但有时候先停下来想一想也不错。"第六章会谈到自控力,其中就有很多策略可以教孩子放慢脚步,在行动之前先进行思考。这些策略或许会对你的高外向性孩子很有帮助。

教养低外向性孩子

低外向性孩子不像高外向性孩子那么需要他人的关注。但这并不意味着他们就没有这一需求。如果你的孩子外向性比较低,那么以下的一些策略可以帮助这样天性安静的孩子茁壮成长。

帮助他们感到被爱和被接受。这件事乍一听好像非常简单。我们当然希望我们的孩子感到被爱、被接受。但现实是,我们生活在一个以外向者为主的世界里。我曾经读到过这样的说法,在这个世界上,外向的人是内向的人的三倍。美国的文化以坚定的个人主义为荣，鼓励每个人要走出去做事情，要说出你的想法。我们的社会是由外向者建立的，正因如此，低外向性孩子可能会感到自己格格不入，或者觉得自己不够好或不重要。有的孩子在家中也会有这种感觉，当然这取决于家里大人和其他孩子的脾气。在学校里也是，因为那些经常发言、自告奋勇的孩子（通常是高外向性孩子）往往更引人瞩目。所以低外向性孩子在幼时可能无法理解自己为什么与周围如此格格不入。

　　作为低外向性孩子的父母，你能做的最重要的事情之一就是帮助孩子了解自己，帮助他明白自己是没有任何问题的。和孩子谈一谈，每个人生来就会有不同的气质。告诉孩子，有的小朋友喜欢被人们和各种活动包围，而有的小朋友则喜欢安静的活动或觉得独自一人玩耍比较自在。然后问问他们，哪一类听起来更像他们自己，让他们了解到自己是内向的（我对孩子用的就是"内向"这个词，因为他们在生活里是会遇到这种说法的，所以理解这个词非常有必要），并帮助他们认识内向者的美妙之处——他们是安静的思考者，而安静的时间会激发更多的创造力和更深入的思考。他们可以结交挚友，可以和人建立深厚的联系。和孩子一起在网上搜一搜内向型的名人，让他们知道内向的人也可以很成功。

因为我们生活在一个外向者主宰的世界里，所以低外向性孩子会需要你给予更多的支持和鼓励。他们需要知道，即使他们并不总在焦点的中心，不是游乐场上最受欢迎的孩子，你也是爱着他们的。如果他们因为"太安静"而与同龄人发生冲突，并因此感到自己不被接受，那你就与他们一起练习社交策略。低外向性孩子需要明白，很多事并不是多多益善的——和你依偎在一起、读读书、一起在家里玩，拥有几个密友，可能也已"足够"了。低外向性孩子更能够享受生活中的简单乐趣，作为父母，你可以帮助他们把这看作一种天赋，而非缺陷。

找到适合他们性格的活动。低外向性孩子天生就喜欢参与者较少的活动，这类活动不会让他们在面对社交刺激时感到难以负荷。你可以带他们玩乐高（等他/她年龄大一些后，可以变成制作飞机、船的模型）、阅读、玩拼图、涂色，或让他们自己在房间里玩玩具等等，总之，给低外向性孩子多多的选择，让他们能够以独自一个人的方式表现自己的创造力。此外，去图书馆、艺术博物馆，或者待在家里一起看电影也是很不错的活动。此外，也有很多体育运动适合低外向性孩子，像是打高尔夫球、打网球、滑冰、划船、攀岩、骑自行车等更加个体化的项目。这些都是让孩子活跃起来的好方法，但又并不需要他们与大团队进行协调和合作。摄影对低外向性孩子来说也是不错的爱好，能让孩子走出家门体验外面的世界，即便是在有他人同行的情况下，他们仍能感到安全，因为他们可以站在相机后面，不用抛头露脸。我的低外向性儿子就一直很喜欢在各种家庭活动中担当"摄影师"，这让他可以成为团队中的一员，又不用一直与每个人交谈。低外向性孩子还会有其他有意思的爱好，比如绘画、园艺或烹饪——这些都是他们与你、与其他人、与家外面的世界共处，而不会被不断的社交互动搞得非常疲惫的方式。你还可以考虑让他们多接触动物。内向的人通常喜欢动物的陪伴，毕竟动物不像人类那么爱讲话，也没那么让人心累！你可以让低外向性孩子在当地的动物收容所做志愿者，这样他们就可以既参与做好事又不需要与其他人过多地互动。

给他们一个属于自己的安静空间。低外向性孩子需要能跟自己的思绪独处的空间。它可以是卧室，但如果家里没有合适的地方，你也可以发挥一下创意，建造一个属于他/她自己的小堡垒，比如把家里的某个角落装饰一下，塞上舒适的枕头，再在墙上钉个床单把这个小空间隔绝开来。重要的是，这个地方对其他人是禁区，孩子也能感受到这是属于他们自己的特殊地点。低外向性孩子需要这种做法，让他们在感觉到外界刺激过于强烈时,可以退到自己的世界中去。他们需要独处的时间,给自己"充电"。

帮助他们认识到自己对安静时间的需求。有的低外向性孩子很擅长识别自己什么时候需要休息。当我们家里有客人来吃晚饭或聚会时,我3岁大的低外向性孩子总是会在一段时间后就开始因为一些小事而闹脾气。很明显,是因为家里来了太多人,变得太喧闹,使她难以承受。当这种情况发生时,她通常会看着我们,宣布她需要上楼"小睡一会儿"。之后她会回到自己的房间,看5~15分钟的书,她再回来的时候就会恢复成那个乖巧讨喜的小可爱!有时候我们发觉她快要到极限了,就会问她:"你是需要休息一会儿吗?"她几乎总是如释重负地给一个肯定的回答,然后就去她自己的房间休息了。

但是,也有许多低外向性孩子在这方面需要一些帮助,才能明白自己什么时候受到了过度的刺激。你可能得帮助他们,学习在与他人相处之后,用一些安静的时间来"充电",教他们识别自己无力应付的状态,并鼓励他们找到获得独处时间的方法。比如,在生日聚会上,你如果感觉到气氛可能过于热烈了,可以跟孩子说:"我们要不要出去休息几分钟?"如果聚会是在你家举行,你就可以让孩子来厨房帮你做点儿什么。这会让孩子明白,暂时离开一下人群是可以的,之后再加入就好了。这就像是在成年人的鸡尾酒会上，有人会到阳台上去喘口气一样。我们还可以帮助孩子认识到，离开几分钟确实能给自己"充电"。你可以说："呼，那边的人真是太多了。你离开几分钟就看起来放松多了。"我们还可以帮助孩子在他／她回归后重新和大家玩到一起。"哦，看！汉娜玩的那个看起来很好玩。汉娜，你可以给乔希讲讲这个是怎么玩的吗？"当然你也要知道，低外向性孩子通常喜欢在加入一个小团体前先观察一下，所以，如果孩子想在回到小团体前先看几分钟，那也是没问题的。

中等外向性孩子

我丈夫称他自己为外向的内向者。中等外向性的成年人经常这样描述自己。关于这种中等外向性水平还有一个专门术语，叫**中间性格（ambivert）**。中等外向性的人会表现出一些外向型（高外向性）的性格特征，同时也有一些内向型（低外向性）的特征。因为大多数人的行为都遵循钟形曲线模式（如图 4.1），所以实际上有非常多的人处于中等外向性水平。

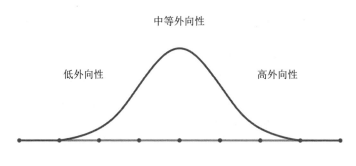

图 4.1　外向性水平分布

　　中等外向性孩子**在一定程度上**喜欢和其他人在一起，尝试新事物，但他们也喜欢安静的活动，也需要一些休息时间来"充电"。如果你的孩子处于中等外向性水平，那么你在对高外向性**和**低外向性孩子的描述中都能看到他／她的影子。因为孩子天生的外向性在两个方向上都没有那么极端，所以他们在生活中可能更喜欢把高外向性和低外向性的活动混合起来。对父母来说，关键是要摸清楚孩子的模式：怎样的社交活动程度适合孩子，他们需要多少休息时间？通过长期对孩子的观察，你就会慢慢了解这些情况。不过这可能不需要你操太多的心，因为中等外向性的儿童既喜欢高外向性活动，也喜欢低外向性活动，所以他们的适应能力很强，特别是那些情绪性水平又比较低的孩子。但是，如果你发现孩子在做某些特定的事情时容易变得焦躁，就有必要为他做一个周记了。

你需要记下孩子每天花在不同类型活动上的时间，以及每项活动的情况。例如：

星期六：

◆ 早上 8 点—10 点：与 3 个朋友在公园玩（很开心，高兴坏了）

◆ 上午 10 点—12 点：逛儿童博物馆（很开心，很有兴趣）

◆ 午餐、午睡

◆ 下午 2 点—4 点：去看哥哥的棒球赛（脾气暴躁，调皮捣蛋）

孩子可能只是觉得棒球赛很无聊，但也可能是因为上午的活动把他／她给累坏了。持续做一周或更长时间的记录可以帮助你把这些可能性区分开来。如果总是观察到孩子在长时间的社交活动后变得暴躁或调皮捣蛋，你就可以试着插入一些安静的活动，让他有机会在这些活动中间休息一下。例如，如果孩子的哥哥在下午有一场比赛，你就可以让孩子在上午跟朋友玩过之后，回家玩一些安静一点的游戏，这样孩子就有时间"充电"，在下午又能活力四射了。而如果他每次都只是在棒球赛时脾气暴躁，那么，你也知道该怎么办了，他可能就是讨厌棒球赛。

针对中等外向性孩子，我们可能还需要帮助他们培养一些高外向性或低外向性所需要的技能——这具体要看孩子是更接近哪种类型，以及其他家庭成员的外向性水平如何。例如，如果你注意到你中等外向性的孩子在餐桌上说个不停，而他低外向性的弟弟一句话都插不进去，那么你就可以和中等外向性的孩子谈谈，教导他学习让每一个人都有发言的机会。反过来，如果你发现你中等外向性的孩子一直与高外向性的兄弟姐妹说个不停，那么你可能也需要帮助孩子们认识到什么时候需要休息一下。你花在孩子身上的时间越多，就越能洞察到他/她在前面提到的哪个方面需要帮助。但总体来说，因为没有那么极端，所以中等外向性孩子往往更能"随遇而安"，对各种各样的活动都比较喜欢，也更能理解高外向性、低外向性孩子的不同视角。表4.2是适合不同外向性儿童的活动，供你参考。

表4.2　不同外向性儿童所适合的活动

高外向性儿童	低外向性儿童
上幼儿游戏班	阅读
去孩子很多的公园	拼拼图
打保龄球	摄影

続表

高外向性儿童	低外向性儿童
上跳舞课 / 运动课	去图书馆
参加儿童音乐会	玩积木
看体育比赛	在自己房间里玩
去儿童剧场	玩涂色游戏
参加野营 / 团体活动	看电影
去动物园	去艺术博物馆
参加团队运动	做个人运动
去游乐场	做园艺

注意：低外向性儿童和高外向性儿童喜欢的活动可能不限于各自列表中的活动，总体而言，高外向性儿童需要更多的社交刺激，而低外向性儿童喜欢更安静的活动。

挑战孩子的外向性水平

以上的教养策略都能帮助你根据孩子的外向性水平来建立更好的适配性。这些策略能够使孩子的成长环境与其自然倾向相匹配，减少各种困难。但是你可能想（或者你的配偶可能跟你争论）："世界可不是这样的！世界可不会按照每个人的需求运转，我们的孩子需要去适应世界。"这个观点是非常合理的。我并不是建议你让低外向性孩子整天在自己房间里快乐玩耍而永远不和其他孩子接触，或者让高外向性孩子整日奔波去参加全城的成百上千个活动。了解孩子的自然倾向是要帮助你了解哪些环境更适合孩子，哪些环境可能给他们造成困扰。作为父母，孩子生活的一部分是你可以控制的，所以你可以利用本书分享的知识来减少孩子感到不安或行为失控的情况，或至少更清楚孩子发生这些状况的原因。

但是，了解孩子的天生气质，并不是说我们就得成为气质的"奴隶"！我们每个人都必须走出舒适圈。高外向性孩子有时必须学会如何独处，低外向性孩子也必须能够在社会环境中生存。了解哪些情况可能对孩子造成挑战并不是让你避免这些情况，而是让你更好地预测、应对这些情况。

老实说吧：调整孩子的自然倾向可能确实……嗯，不易。孩子处在与其自然倾向不一致的环境中，就是会感到不匹配，而不匹配就会导致压力的产生。儿童对压力会有各种不同的反应方式，这与他们的情绪性水平有关。你的孩子能否很好地处理这种压力，将影响你鼓励（或迫使）他们的程度，高情绪性孩子在自身外向性水平和环境不匹配时会有更多的困难。我的两个孩子外向性水平都比较低（不像他们的妈），但他们的情绪性水平不同。我的儿子是低外向性、高情绪性，而我的女儿是低外向性、低情绪性。他们两人天生都倾向于独自玩耍，不然就是与父母或几个好朋友一起玩。如果把他们放在一大群孩子中间，他们就会静静地待在一边看着。但是，我儿子的高情绪性会使他在不舒服的情境中感到极度不安。在他小时候的生日派对上，这一点就表现得非常明显。我自己是高外向性的人，喜欢热闹的聚会，所以在我儿子2岁和3岁生日的时候，我给他搞了大型的派对，邀请了很多大朋友小朋友。于是在这连续的两年里，在我们齐唱生日快乐歌的时候，我儿子都被吓坏了：第一年他爬到了桌子底下，第二年他躲到了沙发后头。客人们尴尬地把歌唱完了，而我得去哄寿星出来露个面。对他来说，在人群中成为关注的焦点实在是太难忍受了。后来，我终于明白了这一点，放弃了举办大型生日派对的执念。现在，我们为他庆祝生日时，就只有家人和他的几个密友。

因为我总是比较慢才学到教训（也许是不知悔改），所以我又对女儿的生日派对打起了主意。她3岁时，我们为她举办了一个大型的庭院生日派对，甚至还在后院搭了一整个的宠物动物园。虽然我的女儿同样是低外向型，但她情绪性水平也低，所以她能够应付（仅仅是应付）动物园的事情。她静静地看着其他的孩子们带着山羊和绵羊到处乱跑，小手抚摸着身边的一只兔子。当大家围着生日蛋糕唱歌时，她看上去有点不自在，但并没有哭着躲到桌子下面去。之后，大家鼓励她吹灭了蜡烛。因为她能够更好地管理自己的不安情绪，所以我们即使让她暴露在更多"不匹配"的情境中，也不会引起"大灾难"。

那么，当孩子的天生气质和环境不匹配，而孩子也很容易感到难受时，该怎么办呢？是取消活动还是积极应对？这个选择取决于你。

有时候你可能觉得这不值得。这座新的儿童博物馆，真的要开业第一天就去吗？还是可以等上几周，等没有那么多人的时候再跟孩子一起去看看？即使孩子可能崩溃，还是要带他／她去参加邻居孩子的生日派对吗？如果你不是那么在意那个场合的重要性，或者你的孩子今天状态不好（或者你自己状态不好），你是可以拒绝的。**没关系的**。少参加一个生日派对天也不会塌。

但有时这是值得的。这个活动如果对你来说很重要，或者你认为对孩子来说很重要，那么不管孩子自己是否喜欢，**做好准备**都非常关键。不要把打造家庭团圆气氛的事寄希望于你低外向性的孩子，不要幻想着孩子会与一群很少见面的远房姑姑和堂兄妹融洽相处。也不要幻想着你高外向性的孩子会在书桌前安静地坐上几个小时而不去干扰你工作。事先和孩子谈一谈吧（这个"事先"不是指已经起程去参加活动的路上）。你要让孩子知道接下来会面对什么样的场合，让他们谈谈自己的感受，然后一起制订一个计划。比如：

家长：艾丽莎，周六我们有一个家族聚会。你知道什么是家族聚会吗？

低外向性孩子：不知道。

家长：就是一大群亲戚聚在一起。有点儿像我们和奶奶、爷爷、姑姑一家人聚在一起，但是人数更多。

低外向性孩子（疑虑地）：有很多我不认识的人？

家长：那里确实会有很多不熟悉的人。你感觉怎么样？

低外向性孩子：我不想去。你知道我不喜欢那么多人。

家长：我知道你不太喜欢这样，这会让你感觉难以应付。但这次我们必须去。那我们一起想一些办法，如果你开始觉得别扭了，就可以用这些办法。怎么样？你有什么想法吗？

根据孩子的年龄和成熟度不同，他们可能会参与制订计划，也可能不会。跟孩子一起集思广益一下吧。"如果你开始觉得应付不了了，是不是可以去后院玩一会儿？或者可以上楼和奶奶的小猫玩一会儿？"让孩子知道，如果他们需要休息，这是完全没问题的。务必帮助孩子想想应对策略。

不仅需要让孩子做好准备，你自己也需要。当你的能量储备不足时——比如晚上没有睡好，或者在生活里有其他压力，再或者就是单纯的精力不足——这时可能不是挑战孩子天生性格特质的好时机。家族聚会可能是无法缺席的活动，但对于某些活动（应该比你想象的要多），如果你或你的孩子似乎无法应对，那就可以随时中止。实际上，即使你做了最好的计划和准备，有时也不一定能保证孩子胜任一项任务，特别是孩子的情绪性水平还很高的话（下一章将对此进行详细介绍）。所以作为家长，你需要冷静下来并重新振作，你需要想清楚，如果孩子真的没能适应这种情境，你该如何掌控情况。你要有一个自己的计划，以防孩子无法克服痛苦的感觉。

我承认，这部分对我来说一直是最困难的。有时候我做了我能做的一切——跟孩子事先好好谈谈，制订一个计划，练习应该怎么说怎么做……但事到临头，他就是做不到，有时候是崩溃，有时候是坚决拒绝参与。这太令人沮丧了，因为不管你怎么准备，总有一部分是你无法控制的。我的孩子总说想参加这个或那个夏令营，我交了钱，跟他讨论了夏令营的情况，又为夏令营做了多方面准备，然而，他准备下车时，看见了眼前那一群孩子，就僵住了，拒绝下车。不管我俩原本是怎么计划的，不管我是不是已经预付了一周的活动费，不管我是不是马上要去参加重要会议，不管我俩之前制订计划时是多么开心……彼时彼地，他就是做不到，下不了车。也正是在那个时刻，作为家长，我得马上想起给"我自己"做的准备。尽管我是那么那么沮丧，那么那么想吼他一顿——"**我们不是说好了吗?！你一定会没事的！所以赶快下车，我还要赶回去工作!**"，但是那一刻，我必须回想我之前做的准备：深呼吸，保持冷静，跟孩子好好再谈一次。有时候他在聊完后能够冷静下来，然后转过身，朝营地走去。但有时候他不能。于是，我们就得改天再试一次。在"谈判"失败的那一刻，你会气得想把头发揪下来。但我可以告诉你，当孩子长到 13 岁，他会以最快的速度主动从车里跳下去，快步向他的朋友们冲去。所以坚持吧，这是一场马拉松，不是短跑。继续努力，你的努力最终会帮助孩子获得管理自己天生气质的能力。

父母的外向性水平对教养方式的影响

在有孩子之前，你可能想象过和孩子一起做各种有趣的事情。不管你有没有意识到，那些你想象的活动很可能与你

自己的外向性水平有关。高外向性的父母会特别想要带孩子
去动物园、公园,约朋友们的孩子一起出来玩(还有给孩子
办盛大的生日派对)。低外向性的家长则希望与孩子一起读
绘本、做小手工,度过安静的美好时光。我们在想象中为孩
子创造的世界是我们自身气质和兴趣的产物。如果运气不错,
你和孩子的外向性水平相匹配,那会很好!高外向性的一家
人可以一起愉快地探索各种活动,去公园、去郊游等。而低
外向性的一家人则可以享受一起在家玩或在大自然中散步的
美好时光。这样的亲子搭配可以说天生就有着很好的适配性。
但也有可能,父母和孩子的气质截然不同。这种外向性水平
的不匹配往往是父母的许多担忧和亲子摩擦的根源。

高外向性父母与低外向性孩子

外向的父母如果有一个内向的孩子,往往会非常担心:我
的孩子太不合群了!我的孩子根本交不到朋友!我的孩子怎
么整天闷在屋子里!我的孩子怎么连学校演出都不愿参加!
我的孩子得走出去接触接触世界啊!

我就是一个高外向性的家长,有两个低外向性孩子。相信
我,我太能理解这种感受了。

但我逐渐明白了,低外向性的儿童**也在体验**这个世界,只

是他们体验的方式与我们这些外向的人非常不同①。尽管我们难以想象这种方式，但是它一点儿都不差，只是不同而已。低外向性孩子不需要被各种活动和人群所包围。他们喜欢与不多的人建立更有质量的关系。通常，他们的父母——也就是我们，也在他们的小圈子中。当低外向性孩子感到放松时，他们可以非常健谈、有吸引力。但他们在一大群人中时，可能就会变得沉默了。这让我们这些高外向性的家长非常困惑和沮丧。怎么孩子和我在一起的时候那么有趣，那么可爱，可一旦和别人在一起，就变成哑巴了?！我们希望亲朋好友都能看到那个有吸引力的他，可能就会通过施压来让孩子"打开"，来让他们顺应外向者主宰的世界或生存方式。我也曾这样做过，但现在我对此感到内疚。

从自己的内向型孩子身上，从与其他内向型人的交流中，从对内向性格的研究中，我学到了一些重要的东西。有时候孩子只是想独处一下，这并不意味着他们永远不会有朋友，或者要永远住在你的地下室里。他们只是需要安静的空间，需要思考和"充电"。有时他们会想离开你一会儿，这并不意

①　高外向性的家长如果想更好地理解低外向性的人的体验，我觉得这本书很有启发性和洞察力——《内向者优势：安静的人如何能在外向的世界中成长》，作者是心理学博士马蒂·奥尔森·兰尼。——作者注

味着他们不需要你或者不爱你，也不意味着他们就永远不想
要你的陪伴。我们这些高外向性父母，有时可能确实会让低
外向性孩子觉得疲惫。有时候，他们只是想静静地在我们身
边坐着或玩一会儿，而有时候，他们会需要自己的空间。你
如果曾经有过一个比较黏人的男朋友或女朋友，应该就会对
此深有体会：当他 / 她不在身边的时候，你会更喜欢他 / 她！
这就是低外向性孩子对我们的感觉。

　　我们作为这些低外向性孩子的高外向性父母要了解的是，
这些孩子大脑的连接方式与我们的是不同的。让他们感到乐
趣的体验与我们的不同，而许多对我们来说是享受的事情对
他们来说是有压力的。我们应该去爱并欣赏他们的特质，而
非强迫他们接受我们的生活方式。后一种做法只会使我们与
孩子的关系变得紧张。我们的任务是帮助孩子学会欣赏并接
受自己的特质。

低外向性父母与高外向性孩子

　　高外向性父母在养育低外向性孩子时容易**担忧**，而低外向
性父母在养育高外向性孩子时容易感到**内疚**。低外向性父母
会觉得自己跟不上孩子的节奏，觉得应该给孩子更多。你可
能很喜欢自己高外向性孩子体验世界的那种热情，但这也可

能让你身心俱疲！光是看看高外向性孩子可能喜欢的活动列表，还有那些属于他们的社交活动，可能就已经让低外向性父母不知所措了。

不要绝望！找到对双方都合适的活动**是有可能的**，只是可能需要一些试错。外向的孩子需要社会刺激，而内向的你可能更喜欢安静的活动。你所设想的与孩子共度时光的方式——一起读书、拼拼图、玩桌游，对他们来说可能不够刺激。这并不是说他们完全不愿这么做（不过如果他们缺乏自控力，这可能的确有些困难，更多内容请参见第六章），但如果你发现他们感到无聊或沮丧，你就会知道，得多安排点儿高外向性孩子渴望的社交活动。

这并不是说你就得一下子加入学校组织的游戏小组，或者周六一上午都在游乐场上跟其他家长尬聊（这实在是尴尬极了）。你可以试着带你的高外向性孩子参加一些对你来说也不会难的活动，让他们可以和其他孩子一起玩，来获得他们需要的社交互动。不管你相信与否，两全其美的办法是有的。例如，你可以看看当地的图书馆是否有"给儿童讲故事"的活动。这样的活动可以让高外向性孩子和其他孩子待在一起，而你也不会被迫和一群你不认识（或不想认识）的父母尬聊。我的一个低外向性的朋友在当地的自然博物馆发现了一个

"教学小课堂"活动。在那里，有一位老师每周为孩子们上一堂关于不同动物的课，而家长可以在房间后面静静地看书。你还可以邀请自己的密友和孩子一起玩游戏，这样你不会太累，而孩子又有机会发展他们的社交技能。找一找，是否有儿童体育俱乐部或者夏令营这样的机构或活动（先确保这些机构或活动是可靠的），你可以把孩子放在那里。这样，他们就可以去进行社交活动，而你也可以得到急需的独处时间了。重要的是：**不要为此而内疚！** 你如果为了让孩子玩得开心而一直逼自己"打开"，时间久了就会感到非常辛苦。好的父母不是为孩子做所有事情，而是找出什么最适合你**和**你的孩子。当父母和孩子都处于各自的理想环境中，每个人都会更快乐，而快乐的父母才是更好的父母。所以，享受"放学后"的独处时光吧！

低外向性父母还需要知道一件事，那就是你的高外向性孩子需要反馈和认可。他们习惯于**听**——不管是他们自己的声音还是你的声音！他们可能觉得你没有回应就是对他们的表现不满意或不喜欢他们。这就要靠你的努力了，请尽量给他们积极的反馈。"哇，你这个拼图拼得很棒啊！""今天在公园里，你交了很多新朋友啊！""你在树上爬得真高！"高外向性孩子经常渴望从父母那里得到反馈。

最后，和孩子谈谈你们气质的不同。向他们说明，你需要安静的时间来给自己"充电"。父母也需要自己的空间，告诉孩子这一点是没有问题的。你会帮助孩子了解，每个人的大脑连接方式都是不同的，有的人需要更多的安静时间来重新获得活力，而你就是这样的人。越早在孩子跟你自己的需求之间找到平衡越好，否则随着时间的推移，你可能会开始生孩子的气，觉得他们总是想从你这里得到更多——更多的聊天、更多的活动、更多和你在一起的时间。

外向性不匹配的兄弟姐妹

如果你有不止一个孩子，那他们的外向性可能有所不同。这给你带来了额外的挑战。你要承受对协调组织能力的挑战，要在高外向性孩子的社交需求和低外向性孩子的安静需求之间取得平衡。但还有一个麻烦，那就是高外向性孩子可能会占用你更多的时间和注意力，使低外向性孩子觉得自己被忽视了，不如外向的兄弟姐妹那么受重视。

把握孩子心理动态的关键是进行家庭谈话。正如你可能需要和孩子讨论你俩的性格差异一样，你也可以和孩子讨论手足之间的性格差异，让他们了解每个人在外向性水平方面是有所不同的。你可以和孩子们谈谈他们各自独特的优点，一项一项地说给他们听，让他们了解彼此的不同之处，同时也让他们都感到被欣赏和被重视。你还可以跟孩子们一起制订团队方案，一家人一起集思广益、制订计划，以了解如何满足他们各自的独特需求。例如，如果高外向性孩子想去拥挤的博物馆，而低外向性孩子表示抗议，那么你可以说："那我们上午去博物馆，然后内森选一个下午的活动，怎么样？"如果博物馆太拥挤，你就帮助低外向性孩子休息一下，比如让他在长凳上看书。而你如果发现高外向性孩子在晚饭聊天时说个不停，那么一定要问问低外向性孩子的意见，并鼓励高外向性孩子把发言机会让给低外向性的兄弟姐妹。这可以教会他们尊重和珍视差异。从长远来看，这也是有好处的。

简言之，这种情况可能是个挑战，而且需要你做一些额外的准备，但是，有不同外向性的兄弟姐妹也让孩子有了一个很好的机会，来学会共情和妥协。

总结

孩子天生的外向性水平对他们体验世界的方式有很大影响。而父母对孩子外向性倾向的反馈，可以引导他们的体验。

父母能给孩子的最好礼物之一就是帮助他们理解和欣赏自己独特的优点。

高外向性孩子会因为他们精力充沛、充满热情而被爱，还是会因为特别累人而被讨厌？低外向性孩子会因为他们安静、有创造力、体贴的性格而被认可，还是会被认为"不足"，被要求做得"更多"？作为父母，我们深刻影响着孩子如何看待自己的性格。高外向性和低外向性孩子都可以为世界做出很多贡献，我们应该帮助孩子理解这一点。

"外向的人是烟火，内向的人是壁炉里的火。"

——索菲娅·登布林（Sophia Dembling）

要点

◆ 孩子从很小的时候就开始表现出与他人相处时的天生偏好，以及他们对喧闹 / 安静活动的喜好程度。许多教养的压力来自孩子的天生气质与我们为孩子创造的环境之间的不匹配。

◆ 高外向性孩子喜欢结识新朋友，去新地方，尝试新事物。与他人相处会让他们精力充沛，而且他们很容易就能交到朋友，但他们也会让人筋疲力尽，尤其是对那些不那么外向的父母来说！

◆ 低外向性孩子喜欢安静、独处或小团体活动。太多的社会刺激可能让他们手足无措。

◆ 高外向性和低外向性孩子对父母的需求是不同的。

◆ 高外向性孩子受益于：（1）反馈；（2）大量的社交刺激；（3）学着慢下来；（4）学习反思和同理心。

◆ 低外向性孩子需要：（1）额外的帮助，让他们感到被爱和被接受；（2）适合他们安静性格的活动；（3）属于自己的安静空间；（4）帮助他们意识到自己在什么时候需要休息一下。

◆ 中等外向性水平的孩子会表现出一些高外向性孩子的特征，也会表现出一些低外向性孩子的特征。他们可能喜欢各种活动交织。

◆ 了解哪些情境对孩子的气质来说可能是个挑战，将有助于你对这些情境进行预测和准备。

◆ 当孩子的外向性水平与父母的不同时，就会引起父母的压力和担忧。认识到亲子间外向性水平的差异将有助于父母对孩子进行引导。外向性水平不同的兄弟姐妹也会给父母带来额外的挑战。

◆ 你可以帮助孩子了解他们自己独特的气质会带来哪些优势，并针对气质中会给孩子带来挑战的部分，教给他们应对的技能和策略。

第五章

情绪性："我就要这样！"

在儿子还没上小学前，我计划每周六都和他一起出去玩。公园、动物园、儿童博物馆，都是我想象过和儿子一同享受美好时光的地方。然而，现实的情况是，有一半的出游活动，我们甚至连家门都没能走出去。他前一分钟还在穿鞋子，但下一分钟就把鞋子脱下来扔飞了，然后跺着脚回到房间，砰地关上门。这是唱的哪一出？

正如我们在第三章中所讨论的，情绪性水平高的儿童天生容易感到痛苦、沮丧和恐惧。我的儿子绝对是属于高情绪性的那种类型。如果你的孩子也是高情绪性的，那你应该也很有体会：他会无缘无故大发脾气，彻底发狂……什么？就因为那一件小事情？前一分钟你们还在一起愉快地玩涂色游戏，结果下一分钟你的孩子就把画撕成碎片，头也不回地冲出房间。

如果你也是高情绪性水平的人，你可能很能理解这种行为是因何而起，因为你能想起自己小时候的感受。你会意识到这个蜡笔的蓝色跟孩子想象中的天空颜色不一样，所以这幅画被"毁了"！但是如果你属于低情绪性水平的人，孩子的行为就可能让你大惑不解，甚至有点儿害怕。

如果你的孩子属于低情绪性水平，那么当你在网上刷到其他孩子大吵大闹、崩溃、发脾气的视频时，你就会惊讶于这些孩子到底怎么了……或者是他们的父母怎么了。情绪性是受基因影响的，对这一事实的误解导致了很多对孩子、家长的不公指责。情绪性水平高的孩子被视为叛逆、有控制欲、寻求关注、顽皮或被惯坏了的孩子，而高情绪性孩子的父母会因孩子情绪爆发而受到指责，被说成是对孩子过于纵容，放任不管。外人可能不假思索就批评父母失职，要么直接说，不然就是跟其他人窃窃私语："这一家子真得好好管管自己的孩子！"

为什么我们很容易把孩子的不当行为归咎于父母？如果我丈夫做了一些蠢事，我的女性朋友们不会责怪我，而是会给我以同情的眼神。但当这种事发生在别人的孩子身上，我们可就不是这样了。我想这是因为，对情绪性水平较低的孩子来说，那些一般性教养策略——转移注意力、设立边界、一贯的奖惩机制——已经相当有效了，父母如果实施得当，确实就能很好地培养孩子的好习惯，减少不当行为。这也是为什么低情绪性孩子的父母总会认为高情绪性孩子的父母一定是做错了什么。奖励好行为、惩罚坏行为，孩子就会规规矩矩的。在房间里随便扔鞋子会被罚计时隔离①，于是孩子就知道不能乱扔鞋子了。这就是对正确教养方式的主流常识性认知。按照这个逻辑，如果孩子总是有不好的行为，那么一定是父母做错了什么。只要父母赏罚分明，孩子就一定能学会规矩。很简单，对吧？

先等等，别这么快下结论。理论上讲，情绪性水平高的孩子难以应对痛苦。因此，父母按照常规方式对孩子的不当行为实施惩罚，只是单纯地加剧了孩子的痛苦。事实上，与大众一般的预想相反，高情绪性儿童实际上得到的惩罚**更多**，而非更少。如果父母在公共场合纵容孩子的不当行为，有可能是因为父母已经认识到实施管教只会使孩子的行为升级，他们是在用沉默来试着不让其他人受到更大的影响。不幸的是，这也加深

---

① 计时隔离（time-out）是一种管教孩子的方法。具体来说，它指当孩子犯了错或出现不良行为时，家长要求孩子中止正在进行的活动，让孩子在一个安静的地方独处，冷静一会儿，之后再寻找解决方法。这是一种非暴力的惩罚方式，有些类似国内家长常说的面壁思过。——译者注

了这样一种观点，即孩子的不当行为就是由放任不管和缺乏惩罚的教养方式导致的。

所有这些指责和误解的根源在于，孩子的情绪性倾向有着巨大的差异，更重要的是，高情绪性儿童和低情绪性儿童需要不同的教养策略。

因为情绪性与儿童的行为密切相关，所以在本章中，我们将广泛讨论有哪些有效的策略可以用来调适孩子的行为，以期让孩子多一些好行为，少一些坏脾气。我们将讨论不同情绪性水平的孩子分别适用哪些策略。我还会提出一些额外的建议，帮助有高情绪性孩子的家庭快乐生活。

惩罚的风险

我们一般都会认为那些基本的教养原则应该对所有的孩子都有用。如果孩子不听话，父母通常的做法就是惩罚。但不妨想一想，这个在我们心中如此根深蒂固的观念背后，到底潜藏着什么意思：孩子就得学会尊重权威，知道是谁说了算，知道谁才是老大；他们得知道自己的行为会有什么后果（作为父母，我们通常认为得由**我们**来实施"后果"）；孩子不打不成才。我们还认为自己有责任教会孩子世界的运作方式——

如果你做了坏事，坏事就会接踵而至。

我们中很多人就是这样被养大的。这是许多父母自然而然的做法。孩子表现不好，父母就要惩罚。这感觉如此符合直觉，以至于我们从来不会去想一想，这个想法是从哪里来的。令人惊讶的是，这种如此普遍的教养理念，最早可以追溯到男人对妻子、孩子和动物负有法律责任的旧时代。在那时，如果妇女或儿童行为不当，丈夫 / 父亲就要承担法律责任。因此，男人"不惜一切代价"让妇女和儿童守规矩。可悲的是，这一观点导致许多妇女和儿童遭到虐待。如今，我们对两性关系以及妇女待遇的看法有了很大的发展。曾经广泛流行的丈夫殴打妻子以使其"举止得体"的做法已经不被接受。虽然体罚儿童的现象多年来也已有所改善，但主流观点仍然是不良行为需要被惩罚。有个朋友就跟我这么说过："要是真的想管住孩子，还得靠那套老办法。"

我真诚地希望你可以开明一点，试着想象一种不同的教养方式。严厉管教的历史根基是如此根深蒂固，以至于好像温和一些的方法都会让人觉得陌生或者过于矫情。但就在此刻，让我们把先入为主的想法暂放一边，将目光转向儿童行为的科学研究。毕竟我们还是希望自己的孩子行为良好，或者说得现实一点，至少是让不良行为能有所改善。

研究表明：惩罚是行不通的。虽然，它确实可能能立即制止孩子的某种行为，但与大多数父母的想法相反的是，**这并不会改变这种行为在未来出现的概率**。因为惩罚并没有教会孩子我们想要他们怎么做。相反，它"教"的是我们不希望他们表现出来的行为。如果我们对着孩子大喊大叫，孩子学到的就是，当自己生气的时候就大喊大叫。打骂"教"出来的仍是打骂。孩子从惩罚中学到的是，如果想按自己的方式行事，如果想把自己的意志强加给他人，如果不喜欢他人正在做的事情，就怒骂、殴打或惩罚他们。这估计不是你真正想教给孩子的东西。

另一件有讽刺意味的事是，惩罚实际上是将关注点都集中到了我们不想让孩子重复的行为上。**父母的关注对孩子来说是一种奖励**。因此，当我们抱怨、唠叨孩子的不良行为时，我们其实是在对那些我们不喜欢的行为进行奖励。相反，当孩子表现良好的时候，我们往往却又一声不吭。我们会安静地、平和地度过这一天，欣然享受着平静的幸福时刻，但这实际上也意味着我们忽略了那些希望孩子做得越多越好的行为。孩子很快就会明白，如果要引起爸爸或妈妈的注意，就得去欺负兄弟姐妹而非乖乖地玩涂色游戏。好好吃晚餐不值一提，但从嘴里喷出牛奶肯定会得到回应！好的行为往往没能得到反馈，而坏的行为却总能引起父母的注意。

　　父母经常会问："可孩子不是从惩罚中学会分辨是非的吗？"我来泼个冷水吧：你的孩子其实早就知道什么是对、什么是错。孩子不去刷牙，不是因为他们不知道自己该不该刷牙。孩子欺负弟弟妹妹，也不是因为他们不知道欺负人是对是错。你已经告诉孩子很多次要刷牙了，也说过不要打弟弟妹妹。低情绪性孩子也好，高情绪性孩子也罢，在没有犯错的时候，都能把这种大道理说得一套一套的。他们不光知道什么是对什么是错，而且能说清楚为什么，甚至知道如果做错了会有什么下场。**但这也不会阻止他们去做错事。**

　　惩罚不起作用也是因为，仅仅知道对错并不能自动制止未来的行为。我知道一次吃一整盒冰激凌不太好，道理我都懂，但是我可能还是会吃。我也知道应该多运动，但仅仅是知道这一点并不能激励我每天早上 6 点起床，穿上跑鞋出门跑步。

　　关于惩罚的最后一个问题是，孩子很快会适应惩罚。也就是说要想使惩罚达到修正行为的预期效果，你就得不断加大惩罚力度。很多父母可能都有体会：当你第一次提高声音时，确实会吓到孩子，但随着时间的推移，冲击效果就逐渐消退了。于是你就得不断加大惩罚力度以得到想要的回应——更大声地喊叫、更长时间地讲道理，或者在打屁股的做法被广泛使用的年月里,打得更重。显然,这开启了一个对任何人都不好的循环。惩罚可能并不能立即制止不良行为,这就要求你把惩罚升级得越来越严厉(这到哪儿才是个头呢?),而这也不会减少不良行为在日后出现的频率。发脾气不会让你觉得自己是好父母,还可能伤害你和孩子的关系。那为什么惩罚就成了父母的必备技能呢?其实它只是一个相当无效的历史遗留,有点像世界曾经规训女性的方式。我们早该为我们的孩子制订一些新的教养策略了。

惩罚不良行为的替代方法是努力促进良好行为。实际上,建立良好行为比矫正不良行为要容易得多。孩子做好行为的时间越多,做坏行为的时间就越少。就像魔法一样!这叫作**积极养育**(positive parenting),你可能在育儿博客或书中看到过。大量研究表明,积极养育对儿童是有好处的,我也将在后文介绍这种得到科学支持的策略。这里还有一个关键:对低情绪性和高情绪性儿童,能够奏效的策略会有些许不同。如果你的孩子情绪性水平较高,那么标准的策略工具箱可能不太够用。别担心,本书有相当的篇幅为你提供了额外的策略。

就像训练小动物一样,培养良好的行为首先要制定奖励规则。作为父母,我们拥有的最有力的工具不是惩罚,而是奖励。奖励会强化好行为，让孩子把注意力集中到好行为上，而不是去关注坏行为。做个会奖励孩子的父母也让育儿过程变得更有乐趣。不过，要让奖励奏效，你必须正确地应用。

正确给予奖励

奖励并非越贵越好，智能手机不见得就比冰激凌更受欢迎。比奖励内容更重要的，是奖励实施的**方式**。奖励实施的方式极大地影响了用奖励改变孩子行为的效果。很多家长来到诊所时都会说，他们尝试过奖励，但没有奏效。奖励只有在被正确实施时才能帮助强化孩子的良好行为。有效改善孩子行为的奖励实施方式应该遵循下面这些原则。

关注好行为。有效增加良好行为的首要条件是要关注良好行为。这听起来好像有点傻，但想一想：**孩子自动自发地做好他们应该做的事情时，我们是不是总是什么都不说？**我们让孩子刷牙、穿睡衣、洗澡、上床睡觉，当他们这么做的时候，我们常常是什么也不说的。我们只是希望孩子做这些应该做的事，然后我们就过自己的日子去了。渐渐地，孩子会发现，只有把整个浴缸的水都洒到地上时，他们才会得到父母的反馈；

当他们玩玩具而不去穿睡衣时,父母才会开始唠叨;当他们在新沙发上跳来跳去,或者踩着泥巴进厨房时,父母才会跑过来围着他们转。

那么,如何打破这个循环呢?那就是,我们必须专注于认可孩子积极的行为,而非抓住孩子做坏事时才追着他们跑。正确奖励的目的是要让我们期望的行为在将来能够保持和增加,它的关键在于:(1)热情;(2)具体;(3)及时;(4)具有一贯性。

对良好行为予以关注并热情地进行反馈。不要只是随便说说,要把你内心的啦啦队长唤醒,点燃足够的热情,好像你不敢想象会有小孩能自己把事情做得这么好。"你自己穿内衣穿得太棒了!"具体点,说出良好行为的内容,而非泛泛而谈。换言之,不要只说"干得好!"或"你做得太好了!",而要说"刷牙刷得真干净!""穿睡衣穿得真好!""哇,你今天穿得这么快!""快看看,你能自己用勺子吃麦片了!"。

要在孩子做出良好行为时立即给予奖励,并且每次都要奖励。如果你的孩子穿衣服比较慢,那么在他穿好衣服之后你就要尽快地,甚至在**第一时间**就称赞他衣服穿得好,别等到过了很久再说。每天早上都要这样做,直到孩子养成了良好的行为习惯——"哇,你今天又穿得很好!"

表扬孩子对你来说是容易还是困难，可能与你自身的成长经历和个性有关。我在一个有很多正面反馈的家庭中长大，而现在我是一名心理学家。所以我现在的家里也会有很多积极的反馈。即使我已经是大人了，但当我见到父母时，还是会把很多小小的成就拿出来讲（"我今天把物业费交了。"），而我的父母则会以溢美之词回应（"那真是太棒了！感觉不错吧！"）。这会把我的丈夫逗得哈哈笑。虽然他觉得有点搞笑，但这样的反馈**确实**让人感觉不错，而且这种积极的反馈甚至让交物业费都变得更愉快了。

如果你觉得这样好像有点傻，那么就试试这样想：你是你孩子的老板（尽管孩子经常说你不是）。换作你是员工的话，你会想为什么样的老板工作？你可能选择这样的老板：他会注意到你在做分内的事情，然后能指出并庆祝你的成就。没人愿意为一个见人犯错就大发雷霆，见人做对了却闭口不提的老板工作。人们喜欢热情、善解人意并能表达支持的老板，喜欢允许你从错误中吸取教训，而不会揪着错误不放的老板。研究表明，为具有这些品质的老板工作的人更快乐、更有效率。我们的孩子也是如此。

一步一步慢慢来。你可能觉得，道理倒是没错，但问题是我的孩子就是不穿衣服，所以实在没法给他／她什么奖励。奖励的关键是从细微之处做起，从表扬正确方向上的小步骤开始，一步一个脚印。如果现在孩子早上拒绝穿衣服，那么你可以先表扬他们能自己挑出衣服了，或者可以先因为他们能自己穿内衣而奖励他们。如果问题是穿衣服太慢，那么你就可以和孩子玩一场"抢时间"的小游戏。刚开始时，时间可以定得宽松一些：如果通常需要 30 分钟，那就先给孩子定 20 分钟，之后减到 15 分钟，再减到 10 分钟。慢慢来。一旦孩子开始意识到，按照要求做好事情会带来回报，他们就会越来越愿意做。这里的关键，是将养成良好行为的流程分解为几个小的、可管理的步骤。

同样重要的是，你要对每一种行为都给予单独的奖励，不要将几个行为合在一起进行奖励。例如，不要对完成整个"睡前流程"进行奖励，而是要把它分解成睡觉前要进行的多个行为（刷牙、穿睡衣、上床睡觉），再分别进行奖励，毕竟一个流程是由多个小行为组成的。

关注重要的事情。父母不需要奖励孩子的每一个行为，只需要关注那些在家中造成挑战的行为。根据孩子的不同情况，这样的行为可能很少……或者很多。现实情况是，谁也不可能一次就把所有不良行为都矫正过来。你应该选几个要重点改善的行为（我建议一次不要超过三个），来建立有意识的奖励系统。再回想一下你想为什么样的老板工作：如果老板一次给你列出了 20 件需要立即改进的事情，你可能无力应对，那些要求可能一个都完成不了；但如果他只给你提两三个要求，你就有可能做到，而且在完成之后还会感觉不错。一旦成为常规，你就会从这种模式中得到鼓励，并准备好继续下一批项目。我们的孩子也是如此。一次只能专注于改善少数几个行为，否则无论是谁都会迷失方向。我见过那种特别精细复杂的行为调整计划表，估计得是个博士才能看得懂。

如果在只管理几个行为的同时，孩子出现了其他不良行为该怎么办？**别理**。这对父母来说可能是最难的部分。**无视不良行为？！**我知道这好像有悖常理，但它确实奏效。记住，关注是一种奖励的形式，所以不要在努力培养良好行为的同时，无意中对不良行为进行了奖励。优先考虑最需要被改善的行为，暂时忽略其他的行为。所以，如果你要调整孩子晚上的睡前流程，而孩子仍旧在吃饭时吧唧嘴，那么你就可以先忽视它。忽视意味着没有言语、身体或眼神交流。如果你忍不住，你可以先离开餐桌一会儿。

很明显，有的事情实在无法被忽视，比如打人、乱扔东西，或者不听你的指示等。但孩子做的很多烦人的事情确实是可以被忽视的，包括抱怨、闹脾气、噘嘴、炫耀、缠着你争取关注等。关键是你一旦开始忽视，就必须一直忽视。这可能使该行为升级，因为你的孩子会更努力地用这个行为来引起你的关注，而如果你屈服了，那就是在奖励这种坏行为。所以要保持立场坚定！这是一项长期战略。我向你保证，随着时间的推移，不良行为会减少的。一旦你的孩子停止了抱怨，你就立即奖励好的行为："非常谢谢你在妈妈打电话的时候安静坐着！"别在意他们其实是朝你抱怨了 15 分钟，抱怨累了才安静坐一会儿，不要说出来。只要他们安静地坐着，就立即表扬这一行为，假装其他事不曾发生。这是一项需要你去培养的技能。

用奖励阻止不良行为。如果你真正想要的是孩子**不要去做**某事，你该如何分配注意力，如何进行奖励？一大早就磨磨蹭蹭、捉弄兄弟姐妹、把脏衣服扔得到处都是……总有好多行为是我们这些父母希望孩子能就此打住。对此，奖励也有用武之地。美国耶鲁大学的儿童心理学家艾伦·卡兹丁（Alan Kazdin）博士在对家庭做了大量研究之后，提出了"逆向的正面思考"（positive opposite）原则。换句话说，**与其注意你想让孩子停下来的事，不如反过来关注你想让他们做的事**。因此，与其试图阻止孩子的磨磨蹭蹭或吵吵闹闹，不如专注于在孩子做得好时奖励他们——早上及时穿衣服、吃晚饭时没和兄弟姐妹吵架、没把脏袜子扔在地上不管。当这些情况出现时，就是值得奖励孩子行为的时候，随着时间的推移，那些恼人的行为就会转变成"逆向的正面"行为了。

使用恰当的奖励方式

到目前为止，我们关注的主要是口头奖励：表扬。不要低估口头奖励的力量。父母热情洋溢、温暖真诚的赞美，对孩子来说是一种强有力的奖励。记住，唤醒你内心的啦啦队长！

但对于更具挑战性或更顽固的不良行为，你可能需要一个效果更显著的奖励系统。这就是奖励图表的用武之地了。在这个奖励系统中，即时奖励是指在图表上贴上一张贴纸（或打一个钩），它们能够积累起来用于兑换更大或远期的奖励。孩子喜欢的任何东西都可以作为奖励：去喜欢的公园游玩，和朋友一起玩最喜欢的游戏，大吃一顿……你可以和孩子一起创造一个奖励"银行"，让他们有动力为获得奖励而努力。如果孩子参与了这个创造过程，他们可能对这个奖励系统感到更兴奋。你甚至可以进行一次"试运行"来开启良好行为和奖励之间的联系。例如，如果要培养的行为是刷牙，而奖励是在表格上贴一张贴纸，集满三张贴纸可以获得特殊奖赏，那么你可以跟孩子说："咱们先练习一下！假装你在刷牙，然后我们就在表上贴一张贴纸！"

假设他照办了（即使动作做得很不到位），你就立即在图表上贴上一张贴纸，并说："看！你已经有一张贴纸了！只需要再贴两张就可以得到奖励了！"

如果孩子拒绝参加"试运行"，那你就平静地说："好的，我们可以等你准备好了再试。"不要说教，不要唠叨。根据我的经验，过一会儿，等我儿子觉得这是"他的"想法而非我的想法时，十有八九他就会说："好，我现在要去刷牙了。"当孩子最终以这种方式缓和下来并完成任务时，请你以溢美之词来回应（即使你已经感到挫败不已），不要指出他如果早这么做一小时前就可以拿到贴纸了，也不要讽刺地说"很高兴你回来了"（或"你想通了"等）。想象一下，如果你宣布你要去洗衣服，而你的伴侣却说："你是指你上周就说要洗的那些衣服吗？"这句话不仅不会激励你更快地跑到洗衣房，甚至反而可能让你的情绪变得很暴躁，说不定你就不去洗了。记住，只和你想要培养的良好行为建立积极的联系。"太棒了！刷牙刷得很好！"就相当于"非常感谢你去洗衣服，亲爱的！"。**你要是忍不住想说别的，就先掐自己一下。**

如果要使用奖励图表，请记得每次在奖励贴纸的同时进行表扬。此外，奖励规则要简单一点，奖励要大方一点。收集十张贴纸才能获得奖励的话，孩子可能在获得奖励之前就厌倦了。请记住，你是希望将良好行为与奖励联系起来。如果孩子因为获得奖励的过程太艰难太漫长而受挫，那么你反而是在阻挠这个目标的实现。没有必要吝啬于奖励。

也有家长问我，如果把奖励图表做得更有趣，孩子是不是就会更兴奋，比如贴上他们最喜欢的超级英雄的照片，或者涂上鲜艳的颜色。如果你希望这个表格兼具装饰功能，可以试一试。当然，和孩子一起制作奖励图表也是一项可以加强亲子联结的有趣活动，但没有证据表明，一张华丽的《冰雪奇缘》奖励表会比一张只用几条线画出的表格让孩子更容易遵守。所以，如果你不擅长美术，也别担心，只要把关键的事情做好（热情地、及时地、一贯地给予奖励，并且将良好行为分成具体的小步骤）就已经足够了。

渐停

你可能在想，未来是否要一直制作贴纸奖励表？好消息是，一旦孩子的大脑将行为和奖励联系起来，你就可以逐渐停止奖励了，但行为将持续下去。小时候，你上厕所就会得到奖励，但是现在你大概不会在每次去洗手间时都还在期待巧克力豆吧。我敢保证，等孩子上了高中，你真的不需要再为了他们能自己好好刷牙而给小星星了（除非你的孩子是个男孩，我实在无法确定他们能否很好地把日常卫生放在心上）。

你可能想问：需要多长时间才能建立行为联系，才能逐渐停止奖励？那要看你的孩子了。对大多数孩子来说，这需要几个星期到几个月的时间。一旦你发现这种良好行为在规律地进行，并且感觉它已经是日常生活中的一部分，那么就可以准备调整下一个行为了，不过口头表扬仍然可以继续。如果你在调整下一个行为时孩子的良好行为出现了倒退，那就说明奖励停得太早了，良好行为还没有在孩子的身上变得根深蒂固。没关系，你只需再继续使用之前的奖励系统一段时间就可以了。

"为什么我要奖励孩子本来就应该做的事？"以及其他常见问题

我从父母们那里最常听到的抱怨就是："我为什么要奖励孩子本就应该做的事？"现实是，我们"本就"应该做的事情太多了：应该经常去健身房，应该吃得更健康，应该整理好床铺……是的，你的孩子也应该在你要求后马上收拾好自己的房间。但是，就像你也会在新年时立下新目标，以后要每天锻炼一小时，但最终往往又没能达成目标一样，你的孩子也不见得比你更能在一件事上坚持下来。特别是孩子的大脑还没有完全发育成熟，有些能力还未得到很好的发展。如果你对孩子应该做的事情想得过于理想化，那就容易因为他们做不到而满心沮丧。还是更科学地来帮助孩子调整行为吧。

父母普遍关心的另一个问题是："我们不应该通过贿赂来让孩子做正确的事情吧？"明确地说，奖励不是贿赂。贿赂是用来让某人做**不该**做的事情。而我们在试图增加孩子**应该**做的行为。每个人都在为奖励而工作。我们去上班是因为可以得到报酬，我们上塑身课是因为上完课我们会感觉更健康（也许还能瘦上几斤）。我丈夫向我表示感谢时，我也会更愿意做家务。

记住，人类的大脑就是为了获得奖励而设计的。我们发现有的事情做了有回报，就会继续去做，而且会更频繁地做。对孩子好的行为进行奖励，只是在用科学的方式来帮助孩子学会好的行为。

另一个杠杆：惩罚

现在你已经可以开始练习你卓越的教养技巧了：关注好的行为；给予热情、具体、即时和一贯的奖励；对小的、单个的行为（或者是对从大目标分解出的小步骤）进行奖励；并忽略其他在当下不紧要的不良行为。孩子现在就会很完美了，对吗？要真是这样就好了。孩子还是会做出一些你无法忽视的事情：他们可能和兄弟姐妹打架；可能在你眼皮子底下故意把饭倒在地上；可能在你告诉他们该从浴缸里出来时，向你扔橡皮鸭。这些仍是你无法忽视的。所以现在咱们得来谈谈许多父母似乎最熟悉的部分：惩罚。

一旦你开始采用奖励良好行为的模式，你就会不自觉地少用惩罚。但有时，你可能还是会遇到必须要使用的情况。就像奖励一样，惩罚也得正确使用才能有效。除非你能坚持到底，否则你就不要用这一招去管理孩子的行为，也就是说，孩子如果不遵照你的话去做某事（或不遵守某些规定），就要受罚。如果这件事或这些规定对你来说不是特别重大，或者你没有能力实施惩罚（比如你正在忙什么事，或者你们在不适合惩罚的公共场所），那么你还是选择忽略吧。一旦你发布了指令，而孩子不遵守，那你就必须实施惩罚。否则，孩子学会的就是他们不必一直听你的。

记住，发出积极的指令永远比发出消极的指令好。比方说在商场购物时你要说"把手放在购物车上"，而非"不要乱动架子上的东西"。要关注"逆向的正面"——即你希望看到的行为，而不是你不想看到的行为。此外，这也需要一段时间来适应，不过一旦你适应了节奏，我保证好的行为就会自然而然地出现。很多时候，使用"自然的"后果作为惩罚就可以了。比如，如果孩子把架子上的麦片盒扒拉下来了，那惩罚就可以是把它捡起来，好好放回去。

有效的惩罚

就像奖励一样，如果要让惩罚发挥作用——也就是说有助于减少未来坏行为的出现，你就要**立即**且**一贯**地实施惩罚。计时隔离是一种父母们常用的惩罚，因为它几乎可以在任何地方实施，不管是在家里还是在商店。计时隔离一般意味着取消积极奖励，例如不赞扬孩子，或不做/拿走其他孩子喜欢的事物。计时隔离要实施多久？我的经验是，孩子是几岁就罚几分钟，所以对3岁的孩子来说是计时隔离3分钟。许多父母在家里会设一个专门用于计时隔离的角落。如果有必要，在商店的角落里也可以进行计时隔离。对大多数孩子来说，停止积极奖励（包括失去家长的关注）的方式都会起作用的。关键是**每次**孩子没有按照指示去做时，你都要实施惩罚。

关于惩罚，有一点可能令你惊讶：**惩罚的力度并不影响孩子在未来减少不良行为的效果**。换言之，把孩子的玩具没收一周，其效果并不比没收一天要好。最有效的惩罚是温和的、即刻的、简单的。家长们，我知道你们可能会觉得这不合理，我也这么觉得。这感觉就像相比于孩子犯的错，这样的惩罚太轻了。但是，你要想让惩罚发挥作用，最关键的一点是要马上实施。事实上，惩罚的时间过长或力度过大可能起反作用，因为它让孩子有很多时间来怨恨你，并且消除了惩罚的即刻性。自行车被没收一周（惩罚），而孩子这一周有好几次想要骑车，但你说不行，可是导致自行车被没收的不良行为已经是好几天前的事了，所以孩子只会觉得你很小气而已。这样，不良行为与惩罚之间的直接联系就不存在了。

关于惩罚，还有最后几件事要注意。第一，永远不要把你希望孩子做的事当作惩罚。例如，如果你希望让孩子帮忙收拾院子，那就不要用收拾院子作为惩罚。如果你想让孩子觉得帮忙做家务是一种好的行为，那就不要罚孩子洗碗。

第二，也许是最重要的，不要在生气时实施惩罚。是的，我把最难的部分留到了最后。当然，那些值得实施惩罚的行为很可能也是最容易让我们心烦的行为。在生气的时候，我们会特别渴望实施惩罚，但此时可能是惩罚最无力的时候。我记得我儿子小的时候，我带他去打保龄球，当时我想这一个下午肯定是我俩的快乐时光。但是，这段快乐时光提前结束了，因为我不想在比赛进行到一半的时候换球道，而我儿子因此大发雷霆。当时我对他大喊："我再也不会带你打保龄球了，**永远不会！**"但是过了一段时间，我仍带着他去打保龄球了，这是一个很好的例子，说明了为什么你不应该在生气的时候实施惩罚——无效的惩罚。

教养工具包总结以及不足之处

表 5.1 汇总了我们到现在学到的所有"如何利用奖惩机制有效调整儿童行为"的知识。如果你的孩子情绪性水平为低度到中度，那么这将是一个有科学依据的、经过实践检验的有效工具包。如果你能始终如一地实施工具包中的方法，这些方法将产生很好的效果。

表 5.1　如何利用奖惩机制有效调整儿童行为

有效调整儿童行为
关注好的行为
忽视坏的行为
每一次聚焦于少数的几种行为
对小的进步予以奖励
奖励应该是这样的： ◆ 热情——想一想啦啦队队长 ◆ 具体——把好的行为指出来 ◆ 及时——出现好的行为时就予以奖励 ◆ 一贯——每一次均对此行为予以奖励

续表

有效调整儿童行为
惩罚应该是这样的: ◆ 只在无法忽视时实施惩罚 ◆ 及时且一贯 ◆ 少即是多——永远不要"定罪量刑" ◆ 只在冷静时实施惩罚

但是如果你的孩子情绪性水平高,这种标准的奖惩机制就可能不起作用了。事实上,它还可能让孩子的行为变得**更糟**。在这样的奖惩机制下,高情绪水平的孩子常常被处以计时隔离(或者其他惩罚),而很少获得奖励。因此,高情绪水平的孩子可能开始将自己是"坏"孩子的想法内化,因为现在这个奖惩系统清清楚楚地记录了他们有多辜负父母的期望。父母也会越来越沮丧,会想知道自己做错了什么(或认为是**另**一**半**做错了而大发牢骚),或者会担心自己的孩子可能有什么问题。简言之,每个人都很沮丧,不仅孩子的行为没有好转,亲子关系也在恶化。这到底是怎么了?

奖惩机制是让孩子与好的行为(或者反之,坏的行为)建立联系,让他们有动机去遵守规则。而当高情绪性儿童一直出现坏的行为时,我们倾向于断定他们只是需要更多的动机来停止坏行为,因此加倍惩罚。但是高情绪性儿童缺乏的不是行为得当的**动机**,而是**技能**。他们生来就容易情绪波动较大,倾向于感到痛苦和受挫，而且天生就难以控制这些情绪。如果你的孩子在阅读或学习代数上有困难，你就不应该指望奖惩机制能教会他们识字或毕达哥拉斯定理。因为孩子阅读或代数学不好就实施惩罚确实太无情了，而且可能让孩子开始憎恨你。

高情绪性儿童如果不断因其行为而受到惩罚，就会发生上述情况。父母会变成高情绪性儿童发泄挫败感和愤怒的出口，而这会进一步激怒父母。在第二章中，我们讨论了基因型如何影响其他人对我们的反应。高情绪性儿童之所以会引起父母的负面反应，是因为他们高情绪性的基因型真的很能触发别人的愤怒，然后恶性循环就开始了，每个人的坏行为都逐渐升级，惩罚不仅没什么用，还会导致双方更加愤怒和沮丧。你要求孩子做些什么，孩子会拒绝，然后你就更加强硬，也许还会带着惩罚，比如说："如果你一直踢座椅靠背，我就把你最喜欢的玩具给扔了！"而孩子会变本加厉，让你知道他有多讨厌这种威胁，接下来会发生的事你应该能猜到了，大家都气疯了。

我的好朋友给我讲了她的故事。她的高情绪性女儿一直在餐桌上不停地敲叉子，任大人怎么讲都不听，最终她的丈夫在盛怒之下冲到女儿的卧室里，拽走了一堆公主裙和毛绒玩具，丢到了垃圾箱里。本来，我朋友的丈夫怒气冲冲地进女儿的房间前，冲女儿大喊的是："如果你不老老实实把饭给吃了，我就把你那些公主裙全扔了！"而这个伶牙俐齿的高情绪性孩子回答说："扔吧，我有的是。"于是，这导致毛绒玩具也一起被扔了，只是为了让她能更好地反思！

如果你家里也上演过类似的剧，不要绝望。你没有被"判处"承受 18 年的闹脾气和顶嘴，你只需要在标准教养工具包里放一些额外针对高情绪性孩子的工具。这就是我们接下来要讨论的内容。

高情绪性儿童的教养策略（低情绪性儿童的父母也用得着！）

每个孩子都会面临挑战，如果你有不止一个孩子，那么很可能每个孩子遇到的麻烦都不同。帮助高情绪性孩子完成挑战的第一步，是要记住**孩子不是自己想成为这个样子的**，就像没有孩子会希望自己有阅读障碍或数学焦虑一样。这是没得选的，是编码在他们的基因中的。一旦你接受了这一点，并从这个角度看待孩子，生活就会变得更轻松。

第二步是要记住，养育高情绪性孩子——那些能把人逼疯的小调皮蛋，需要的不是**强硬的手段**，而是**更温暖、更温和的规则**。这有时很难接受，因为这与大多数父母的自然反应（可能是受到了根深蒂固的传统观念的影响！）正好相反，父母总希望对出格的行为进行严厉批评。

当孩子突然把你和他做了一下午的美术作品毁掉，并大吵大闹着要吃冰激凌时，你的怒火可能一下子就涌上来了。当孩子的这种调皮行为发生在大庭广众之下时，似乎全世界都在看着你，激烈反对着孩子的行为，并对你施加压力，要求你**对这种不可接受的行为采取行动**。然而，如果这时你严厉地惩罚或责骂孩子往往只会产生一种负反馈循环：孩子变得脾气更大，你更加愤怒，孩子又变本加厉，愈演愈烈……

作为高情绪性孩子的父母，你需要帮助他们学会管理自己强烈的情绪。而对你自己来说，最重要的是，你得将注意力从孩子的**行为**转移到会触发孩子天性反应的**激发点**上。仅此一项就能打破亲子间的负反馈循环。在理想情况下，这就能够帮助孩子将所有的情绪能量引导向更合适的出口。

如果你已经知晓你的孩子属于高情绪性水平，那么就意味着那些"坏"行为——突然爆发、乱发脾气，通常只是一些情绪的副产品和信号，而非真正的不良行为。高情绪性孩子对环境更敏感,而且对环境、对他们自己和对你的期望更高!
这对一个小脑瓜来说太难承受了。

正如我一开始所说的,我是儿童行为发展方面的专家不
假,但我也是一位母亲。对我来说,我也是花了一段时间才摆
脱天生的倾向,不再简单地以发火还发火。在我能够完全理解
孩子的脑瓜里发生了什么,并把理论转化为实践以前,我和儿
子的周六早上总是这样度过的:

我:来来来,我们要和杰克、玛德琳、莎拉、保罗还有他
们的爸爸妈妈一起去游乐场!肯定很好玩!穿上鞋,咱们出
发吧!

高情绪性儿子:我不想去。

我:怎么会不想去呢?来吧,会很好玩的。

高情绪性儿子:不,我不想去。

我:我们要走喽,快穿鞋吧。

高情绪性儿子:我不去。

我:你必须去,这不是你说了算的。我已经跟大家说了我
们会去的。来吧,我们要迟到了。

高情绪性儿子(向我扔鞋):我!不!去!

我:不许这样。不许乱扔东西!去,面壁思过。

高情绪性儿子（坐在地板上，拒绝移动）：我不。

我（提高声音）：我让你去面！壁！思！过！

高情绪性孩子：不去！

就算你不是"专家"也能看出这样的沟通方式是行不通的。还想在公园玩得开开心心？不可能。

在之后的生活中我将对儿子的观察与对遗传倾向的科学认知结合起来，做了一些思考，终于明白了为什么在周六一大早就会一团糟。读完上一章，现在你也应该能认识到问题的根源了。正如前面所分享的，我的儿子属于低外向性水平，相比之下，我算是超级"社交狂人"了。这就造成了不匹配。在我的世界里，快乐就是和所有的朋友们在一起聚会，我们的孩子也在一起玩滑梯、玩秋千。

对我来说这会是完美的一天，但对我比较内向的儿子来说却很痛苦。当他突然听说我们要去参加一个大型聚会，他会感到这项活动超出了他的承受范围。但是，他的大脑还没有发育成熟到可以说出："妈妈，我和很多人在一起的时候，会感到很焦虑。我们可不可以只和特别亲密的朋友玩一些安静的游戏啊？"相反，他的痛苦冲动让他惊慌失措，这激发了他的高情绪性行为，而房间里飞过的鞋子只是连带被伤害。

那么,你如何知道碰触到高情绪性孩子的激发点了呢?每个孩子的情况可能都有所不同,但请记住一点,当孩子已经心烦意乱的时候,就**别**这么做了。在处于苦恼中时,孩子会经历一种让他们无法清晰思考的生理反应。而这种心理上的"宕机"不仅仅会发生在孩子身上,回想一下上次你的伴侣做了让你特别生气的事时的情景,当时你可能也会感到心率加快、紧张、无法逻辑清晰地思考。这些生理表现都与"战或逃"(fight-or-flight)反应有关。

奇怪的是,我们对孩子的要求往往比对自己的高。或许你会对他们说:"冷静一下。这有什么大不了的,不要那么激动。"但想象一下,当你正在为某件事生气时,你的伴侣跟你说了一句"这有什么大不了的",你的感觉会怎么样?这句话很可能没有任何正面效果。事实上,这种轻描淡写可能让你更加愤怒。"你怎么敢否定我的感受!对我来说,这就**是**件大事!"

孩子需要再成长很多年才能拥有一个成熟的"执行大脑"[①],那时的大脑已经发育得足够发达,能够以平静的方式表达强烈的情绪。(但老实说,对我们这些大脑发育完全的人来说,这仍然很难!)那么,现阶段的孩子如何表达恐惧、焦虑和沮丧呢?

---

① 执行大脑(executive brain),又被称为额叶,负责执行大脑中高级、复杂的功能,与人的情绪控制、判断力和注意力等有着重要的关系。——译者注

他们会把鞋子扔飞，或者把美术作品毁掉，因为言语根本无法充分表达"我真的很生气！"。强烈的情绪实在太难处理了。

想想当你因某事大动肝火时，你会希望你的伴侣怎么回应你呢？你会希望对方倾听你的心声，了解缘由，并试着思考如何在未来做得更好。你希望他／她和你一起合作，而不是给你讲为什么你看起来这么可笑、这么幼稚，或者你这样表现时他／她有多不喜欢你。

这也正是高情绪性孩子所需要的：**被听到、被安慰，因他们本来的样子而被爱**。与高情绪性孩子沟通的最佳方式是共情：理解他们的感受，并且共同制订计划，一起应对未来注定会出现的挑战性局面。

曾有家长跟我说："你没法和孩子讲道理！"这是真的——在孩子不高兴的时候。这就好像，我丈夫说了要洗衣服却把衣服在沙发上堆了一周，当我为此对他发脾气时，我不想听他只是冷静地分析说"亲爱的，让我们谈谈如何更有效地解决我们的分歧"。

在一个人不高兴的时候，不管他是 3 岁还是 33 岁，都不是进行有效谈话的好时机。而当孩子平静下来，你们就可以开始讨论是什么让他／她如此激动，以及未来如何避免了。只有理解高情绪性行为背后的**原因**，你才能引导孩子朝更好的方向发展。在适当的时机和孩子沟通是找出原因最好的办法。

亲子协力:与高情绪性儿童建立合作关系

通常,高度的情绪性会使父母和孩子陷入一种彼此对立的状态。这对任何人来说都不愉快,也没有任何益处。要想一切走上正轨,关键就是父母和孩子从对峙状态转为合作状态。下面介绍几个简单的步骤,你可以按照这些步骤与孩子一起努力,帮助他们管理自己容易产生强烈情绪波动的天生倾向。

找出孩子的触发因素。高情绪性孩子的行为之所以如此令人不安,是因为他们的情绪发作似乎"毫无来由""莫名其妙"。事实上,孩子(有的时候)**确实**是一个令人愉快的小生命,这使你根深蒂固地认为那些坏行为是孩子自己的**选择**。正是这一心态让你陷入了强制惩罚的恶性循环,想要激励他们规范自己的行为。但请记住,高情绪性孩子并非是自己选择乱发脾气的,而是有什么东西**触发**了他们对挫折、痛苦和恐惧的天生倾向。你要做的是作为侦探搭档,和孩子一起找出那些触发因素是什么。

高情绪性孩子有一些常见的触发因素(见表 5.2),包括活动之间的切换、完成具有挑战性的任务、改变计划,以及事与愿违等。所有这些事件之所以成为触发因素都与高情绪性孩子天生就更容易产生强烈的挫折感、痛苦和恐惧感有关。每个孩子情绪性倾向的表现方式是不同的,不是所有高情绪

性孩子在这些任务上都有困难（尽管有些孩子是这样）。看看
这个表，开始"侦察"你孩子发脾气的原因吧。你可以给你
的高情绪性孩子列一个触发因素列表，并举例说明孩子遇到
的具体问题。如果没有特别明显的触发因素，那就先把孩子
生气的时间和情况记下来，这样你就可以开始寻找规律并逐
渐建立专属于你孩子的列表。

表 5.2　高情绪性孩子常见的触发因素

常见高情绪性触发因素	举例
改变计划	下雨了，你们没办法去公园玩了
完成困难的任务	孩子不愿写的作业
事情没有如愿	画的画没能像想象中那样好
切换活动	不能继续洗澡玩水了，该穿上睡衣去睡觉了
没能得到 / 约到想要的事物 / 人	朋友临时爽约不能来玩
在压力下完成任务	30 分钟内必须出门去上学
接受不确定性	只有明天不下雨我们才能去公园玩
感官问题	衣服穿起来感觉刺刺的
焦虑	参加学校演出让孩子很紧张
表达情绪困难	打其他孩子
难以承受密集的人群或活动	和很多人一起玩或在生日派对上的时候心烦意乱

　　对于高情绪性孩子，父母要想让他们的行为得到改善，关
键是专注于**解决问题**，而不是奖惩行为。使用奖惩机制的前提

是你的孩子只需要激励就可以按照要求行事。记住:高情绪性
儿童的问题不是缺乏良好行为的动机,而是缺乏管理强烈情绪
的能力。孩子也不想失去控制,也不想闹脾气。事实上,他们
强烈的情绪失控可能不止吓到了你,也吓到了他们自己。

我儿子大约 5 岁的时候,曾在医生诊室里对我大发脾气。
当时他喉咙痛,我带他去看医生,医生需要给他做咽拭子检
查以检测是否感染了链球菌。大多数孩子都不喜欢被一根长
长的棉签戳喉咙。低情绪性孩子可能也会抗议,也会哭,但
总的来说配合度还是比较高。而我的高情绪性孩子则干脆躲
了起来,根本不肯张开嘴。

首先,我采用了诱骗战术。"很快的,就一下,一点儿也
不疼!然后我们就去吃冰激凌!"他没有动。于是我改变了战
术,用严厉的声音说道:"我知道你害怕,不想做,但是不行。
我们必须做检查。"他还是不动。所以我又换了一个方向,开
始讨论惩罚:"你现在得张开嘴,否则我就把你的乐高玩具没
收了!"这句话得到了回应,但却不是我想要的。"不!"他
愤怒地喊道,还踢了医生一脚。接下来发生的事情我就不细
讲了,反正就是钻桌子、推椅子,最终他一边大声尖叫,一
边被几名护士按住做了咽拭子检查。太可怕了。一回到家,
我们就回到各自的卧室里哭。

但过了不久，一张小纸条慢慢地从我的卧室门下面递了进来。它被叠成了一本小册子，上面用幼儿园式的字体歪歪扭扭地写着：

致妈妈

亲爱的妈妈，我向医生发脾气很害怕。我会试着再也不那样做了。我扔掉你的手机很害怕。我会试着再也不那样做了。我太太太太太太太害怕了（对不起）！我那么生气，是因为医生把我屁股弄得很疼①。现在我的屁股特别特别特别疼。我也不想把长的东西塞进嘴里，因为我怕它会卡在我的喉咙里。所以我不想那样。他们把长的东西塞进我的嘴里后，我的喉咙不舒服。我很抱歉。你能原谅我吗？ A. 能。B. 不能。

艾当

这张纸条我一直留着，因为它提醒我，这个孩子并不是一个故意做出不当行为的孩子。高情绪性儿童不是要故意叛逆、顽皮或我行我素。他们大脑的连接方式确实不太一样，基因构成也比较特别。他们需要面对排山倒海而来的情绪，却不知道该如何处理那种情绪。我们加倍惩罚或轻率地许诺奖励，只会让他们感觉自己更糟。大家都是输家。

---

① 我们后来确实发现孩子患有一种罕见的臀部疾病。——作者注

哦,如果你想知道后续,我可以告诉你,链球菌测试的结果是阴性的。

通过合作解决问题。你一旦建立了触发因素列表,了解了孩子具体面临的困难,就可以开始来解决问题了。选几个你最担忧的问题作为首要关注点。这并不是说其他的问题你就不管了,而是说你不可能一下子解决所有问题,总得先从某个问题开始。记住你自己想要什么样的老板——布置的工作量合理,而不是同时压上来一大堆马上就到截止日期的任务。

要成功解决问题,关键在于你和孩子得是平等的伙伴关系。你应该已经自己试过很多办法,看过很多育儿建议,实施过我们前面提过的传统奖惩方式。作为父母,我们似乎已经习惯了为孩子的问题提出解决方案,我们就应该有答案。因此,和孩子一起讨论解决办法一开始可能让你感觉很奇怪。

但是,如果方案完全由你提出,那么你其实是在把自己的想法强加给孩子。尽管你是出于好心,但请想一想:你是在把自己的想法强加给容易受挫,而且高度情绪化的孩子。可悲的是,虽然大多数父母在试着解决问题,但这样的做法反而给高情绪性孩子又制造了一个触发因素,所以往往适得其反。**你在孩子眼里是顽固的,孩子也就很难学会怎样才能不顽固。**而且高情绪性孩子可能以同样强烈的顽固方式来回应,这只会进一步延续负反馈循环。

各位父母，你们可以改变这种情况。试着轻松一点——这不是你一个人的负担！你可以和孩子一起，研究如何应对挑战。这是一个合作的过程，让你和孩子在一个团队里共同解决他们高度情绪性的问题。你们将一起制订计划，这可以让你从被动转为主动。大多数高情绪性孩子的家庭都处于被动反应模式——等孩子爆发了，家长再试着弥补。而通过找出孩子的触发因素，并解决具体问题，家长就可以主动提出一个计划，让孩子知道当自己的情绪被触发时，他们该如何管理自己。

这不是那种和孩子的一次性谈话，而是一个过程。选一个合适的时间（比如你和孩子都休息得不错，心情也不错，时间也充足的时候），从共情开始。要知道，孩子可能和你一样害怕那种强烈情绪的爆发。给孩子一些空间来谈论发生的事情，并从孩子的角度去理解触发因素。就像我儿子写的纸条一样，当高情绪性孩子没有沉浸在痛苦中时，他们可以解释自己到底为什么不安。即使是年纪小的孩子也常常能说出自己对问题来源的想法。这时，你需要倾听孩子的担忧，试着理解孩子遭遇的挫折。要提出解决方案，首先还是要了解问题的原因。

想让有些孩子说出心声可能要花上更多时间。不要催促他们,也不要沮丧。如果他们就是不愿意谈,你可以说:"没关系,你可以考虑一下,我们以后再谈。"

有的父母和孩子会给他们强烈的情绪起个名字。例如,孩子可能管这种情绪叫伯特。这样就给了这个具有挑战性的话题一个简单的讨论方式。"那么,伯特出现时,我们该怎么办呢?"此时,你们两个就好似站在了同一阵线,来对付一个共同的敌人。而且这么做就避免了对孩子的责备,并将注意力集中在需要调整的情绪上。孩子也讨厌伯特!当高情绪性孩子感到痛苦的感受被触发时,给汹涌的情绪起个名字有时就能帮到他们。你可以教孩子说:"我觉得伯特来了。"这也是一种识别和管理情绪的方法。

我们还可以与孩子谈论处理强烈情绪的书籍。通过阅读其他孩子(或虚构角色)遭遇坏情绪的故事,你的孩子会认识到生气的情绪是正常的,关键是学会如何应对。将讨论的重点放在"其他人"上可以减少威胁感,让孩子更轻松地进入主题。此外,书籍也有助于探索处理坏情绪的不同方式。有一些教养图书专门讨论控制愤怒,例如科尼莉亚·莫德·斯佩尔曼(Cornelia Maude Spelman)的《我好生气》(*When I Feel Angry*),或是莫莉·卞(Molly Bang)的《菲菲生气了——非常、非常的生气》(*When Sophie Gets Angry—Really, Really Angry*)。

与孩子开始讨论解决问题的办法时，你可以说："我看到……你认为这是怎么回事？"说出你所看到的问题时，将其表述为某种挑战或困难，例如："我看到早上穿衣服对你来说是个难题，你能给我讲讲是怎么回事吗？""我发现，我叫你吃饭的时候，要你停下你还在做的事，对你来说好像不容易，你能给我讲讲是怎么回事吗？"耐心地鼓励你的孩子。这是你们之间表达关心的好机会。

在你们俩都谈了自己的担忧之后，你可以说"让我们思考一下怎么解决问题吧。你有什么好办法吗？"或"咱们一起想想怎么让情况变得更好吧。你有什么好办法吗？"。

最难的部分在于：**你对孩子的每一个想法都必须认真倾听并思考**。其中有的想法可能不现实，但你不要立即否定。慢慢给孩子解释，想出一个对你们双方都有效的解决方案。因此，如果你的孩子说，为了早晨按时起床，每天早餐都要吃巧克力，你就可以说："你有想法很不错！但这招不太有用，因为我们做父母的得确保你早餐吃得健康。所以我们再来想想有没有别的方法，是我们两个都喜欢的。"

另一方面，孩子可能也会说你的想法不适合他们。对父母来说可能很难接受这件事，但是，只有这样才叫合作解决问题。就像我也会希望我的同事、丈夫、朋友们都能自发地认为我的想法是最好的，但可惜的是，他们往往都另有想法。要实现目标，总需要我们共同商定前进的道路。如果我试图把自己的想法做法强加于人，有可能什么也干不成。相信我，我试过——到现在为止，我们家都还没有一个人能按照我的要求每次把要洗的碗好好放到洗碗机里。

对孩子来说也是如此。如果你以解决问题为幌子来单方面实施你的计划，孩子会一眼看穿你的把戏并对这个过程失去信心。孩子会认为你在偷偷摸摸地把你的愿望强加给他，并且还是用了一种狡猾的手段。这样你就把自己摆到了高情绪性孩子的对立面。

请记住，问题的核心是，高情绪性孩子天生就不善于管理强烈的情绪、处理麻烦的情况。与孩子一起解决问题的过程可能也会引起你强烈的情绪，这对做父母的**你**来说也是一个挑战。因为作为父母，我们已经习惯了自行做主，用自己熟悉的方式来养孩子！

具有讽刺意味的是，这正是为什么与孩子合作解决问题是有效的。你们合作协力，不仅教会孩子如何管理强烈的情绪，并在面对困难的情况下与他人共同达成解决方案，还教会孩子主动发现问题，并思考解决问题的办法。与孩子合作，讨论彼此真实的想法，然后共同寻找解决方案，还能教给孩子共情和换位思考的重要技能。试一试，看看效果如何，并据此进一步调整。你们会收获一项很好的幸福生活技能。

父母会问，小孩子真的能通过合作解决问题吗？答案是肯定的！孩子从很小的时候开始就已经像小科学家了，他们一直在探索并试图了解这个世界。（例如：我把这杯果汁推下桌子，看看会发生什么？）到了三四岁，他们就开始有能力与你合作了，能描述心情沮丧时，他们的小脑袋里在想什么。当然，随着年龄的增长和大脑的发育，这种能力会不断提高。不过，在青少年时期，这种能力似乎会有所退步，有时候我觉得在儿子小时候跟他讲道理好像还更容易一些（此处是玩笑，算是吧！）。

制订计划。你已经和孩子讨论了问题，你们都表达了自己的担忧，并最终合作提出了一个双方都同意的解决方案。这也许不是你心目中的最佳方案，但它确实很重要。例如，你们遇到的问题是孩子在长途的汽车旅途中容易发脾气，这让你在去父母家的旅途中很痛苦。通过谈话，你了解到，孩子在车里待的时间越长，就越觉得憋闷和沮丧，仿佛自己被困住了似的。你最初提出的方案是，如果孩子在汽车旅途中没有发脾气，就带他去吃一顿大餐。但这招不行，因为即使孩子真的很想吃大餐，也还没有足够的能力坚持一路都不吵不闹，高情绪性的倾向就是让他无法做到。孩子建议你以后不再开车长途旅行。这也不太行，因为你还是想带着全家去看望你的父母。终于，你们共同想出了一个计划：中途停下来在服务区的小广场上休息一下。这不是你的最佳方案，因为这让旅途更漫长了，但它如果能奏效的话，总比孩子在途中总是踢闹和尖叫要好。

计划有了。接下来怎么办？

到这儿，咱们就正式上路了。我们要试行计划，看看实际的效果如何。不要期待奇迹，成功肯定不是一蹴而就的。因为你孩子的自然倾向就是高情绪性，所以你们需要大量的实践、试错，并且可能在进步的过程中出现反复。坚持住，对小的进步给予庆祝、奖励，这才是适合高情绪性孩子的有效方式。

与孩子保持开放的沟通渠道。当事情没有按计划进行时，把情况说出来，但不要当场就说，等大家都冷静下来的时候再说。"我们计划在去奶奶家的路上停下来休息，但这似乎并没有帮助到你，妈妈感到你还是很心烦。可以告诉我这是为什么吗？""咱们之前定过计划，洗完澡要好好离开浴室，但昨天晚上好像没奏效，能告诉我是因为什么吗？"**鼓励孩子，诚恳地表示你相信他们有能力在未来做得更好，提醒他们这是需要慢慢练习的**。孩子需要你的鼓励。

你可以把这看作是在培养一项孩子天生不具备的技能。就像即使孩子想学弹钢琴，他们也不可能一坐上琴凳、按下琴键，就弹出贝多芬的乐曲。这是需要练习的，而且需要大量的练习。在这个过程中，你将不得不听到大量糟糕的曲调。

如果你发现过了几星期情况都没有任何改善，那就重新审视这个计划，并一起再制订一个新的。提醒自己，为人父母是一场马拉松，而不是短跑。我儿子现在13岁了，之前在我跟孩子的问题搏斗最激烈的时候，我承认有很多次我都绝望地感到那永远不会有个头，但现在我们已经可以对他小时候那些情绪爆发的事一起哈哈大笑了。

照顾好自己

现实是，高情绪性孩子的自然倾向是以痛苦、沮丧或恐惧的情绪来回应周遭世界。这会给父母带来很多挑战。如果你的孩子属于低情绪性，那可以说你是比较幸运的。在孩子生命的最初几年里，你可能用不忍受那么多的极端暴怒。这并不是说不会有挑战（总会有的），但你的每个要求遭遇顽固的"不！"或扔鞋的概率更低。我们说过所有性格都有优缺点，气质没有"好"或"坏"。确实是这样的，但是，孩子的情绪性水平还是与父母的"轻松"程度密切相关。

我希望这一章能帮助低情绪性孩子的父母更好地理解和支持同为父母却需要与高情绪性孩子斗智斗勇的家长们。那些孩子在大发雷霆的时候,他们其实没有做错什么。他们也用了奖惩机制,也对孩子讲过很多道理。并不是他们的孩子需要学学规矩,而是这些孩子遗传了一种非常容易产生强烈情绪的气质,孩子还在学习管理这些情绪。

高情绪性孩子的父母有时会感到特别受挫、难以承受,甚至对孩子产生厌恶情绪,这都是正常的。我在两年内换了五个互惠生①。我最好朋友的保姆也辞职了——原因居然是朋友的孩子在生日那天在游乐场上大发脾气,而其他父母的眼神让保姆感到非常尴尬。养育高情绪性孩子很难,你要学会放下对孩子产生负面情绪而引发的内疚感,这对你身心保持安好非常重要,也对你的教养能力有很大影响。感到怨恨并不意味着你就是个坏家长,你不过是一个正常人,没人喜欢别人对自己大喊大叫或者自己的要求得不到回应。高情绪性孩子会给你的家庭带来很多意想不到的压力,甚至可能给你的婚姻带来压力。

_____

① 通过帮忙做家务、照顾小孩等劳动来换取食宿的学生。——译者注

这就是为什么自我关爱如此重要。养育一个高情绪性孩子需要格外耐心，而在你的心理状态不好时，这尤其困难。好在有大量资源可以用于促进你的幸福感。正念、冥想、瑜伽、徒步、锻炼、从小事中寻找快乐……我知道认真对待这些建议是有困难的，因为你会忍不住疑惑：真的吗？泡泡浴能让孩子在愤怒的时候不毁掉房间？我外出散步时闻到的玫瑰花香，又怎么能应付尖叫的宝宝呢？

孩子（特别是难带的孩子）会占用我们太多的时间和精力，让我们觉得好像都没有什么可以留给自己了。这也正是为什么善待自己那么重要。你如果不花时间在自己身上，就不可能成为好父母。**要照顾好别人就得先照顾好自己**。找出适合自己恢复精力的方式，让自己有耐心与高情绪性孩子一起努力。就像我们和孩子一起解决问题的过程一样，你可以先选择一两件事来尝试，并努力实施。例如，也许你以前喜欢瑜伽，但因为跟孩子斗智斗勇，好久都没有时间去做了，那么从现在开始，每周留出一个早晨，早起 30 分钟，给自己一段享受瑜伽的时间吧。你也许喜欢读书，但现在晚上打理好孩子以后就已经累得睁不开眼了，已经记不起上次看畅销书排行榜是什么时候了，那么，你就去把你一直想读的那本书买了，然后在睡前花 20 分钟短暂地逃进文学世界。如果没能达到目标,不要绝望。孩子醒来打断了早晨的瑜伽,或者孩子的吵闹打扰了泡泡浴,没关系,深呼吸,第二天再试一次。

自我对话是一个很好的方法,可以帮助高情绪性孩子的父母在孩子上演情绪大崩溃的"那一刻"保持冷静。找一个属于你的"咒语",当孩子闹脾气的时候,一边深呼吸,一边在脑海中重复"咒语"。这里我提供几句可作为备选:"孩子也不容易。""孩子也不想这样。"或者像我在面对"天文级别灾难"时,我的法宝就是:"爱孩子,怪基因(吸气——呼气——)。爱孩子,怪基因……"不管你的"咒语"是什么,这都是一个很好的应对方法。

最后,尽管高情绪性孩子会造成那么多麻烦,但别忘了为他们火热的精力感到高兴!你可以为孩子会闹脾气惋惜,但是也可以把孩子强烈的情绪引导到正确的方向上,让它在未来可以帮上你孩子。通常,我们认为抚养起来最具挑战性的那些孩子,长大以后会成为特别有趣的人。正如著名的普利策奖得主、哈佛大学教授劳雷尔·撒切尔·乌尔里希(Laurel Thatcher Ulrich)所说:"循规蹈矩的女性很少创造历史。"扩展到所有儿童当中,这也是适用的。正是那些最具挑战性的孩子将来可能改变世界。当孩子跺着脚无休止地顶嘴时,不断提醒自己这一点吧。随着年龄的增长，这些强烈的情绪可以引导他们不懈追求自己热爱的事物。

测一测你自己的情绪性

最后一个影响教养子女难度的因素是：你自己的情绪性。你天生有多容易感到痛苦、沮丧、担忧，也影响了你会有多烦孩子的"坏"行为。不管孩子是高情绪性还是低情绪性，都是如此。为人父母需要很大的耐心，而对我们之中情绪性水平较高的人来说，这是天生的短板！对痛苦的敏感会让我们对孩子的不良行为做出强烈的反应。这对谁都不好。这件事，我深有体会。

其实，我们教给孩子的那些策略对我们自己也是有用的：深呼吸，集中精神保持冷静，思考应对强烈情绪的计划；计划没能实现时，别着急，努力在下次做得更好。你如果也是高情绪性的人，别怕和你同样高情绪性的孩子谈论这件事，别怕让孩子看到你努力管理强烈情绪的模样。这能帮孩子理解容易产生强烈的情绪并非他们的"错"，并给孩子提供一个成长过程中可以效仿的榜样。

兄弟姐妹：这不公平！

如果你有不止一个孩子，那么他们的情绪性水平可能各不相同。高情绪性孩子的那些低情绪性兄弟姐妹会比较辛苦。高情绪性孩子的情绪爆发可能让他们很害怕，而且高情绪性孩子可能占用父母更多的时间和精力。在这个过程中，低情绪性孩子可能感到很失落。你也不得不对孩子们实施不同的教养策略，这样确实可能让孩子觉得不太公平。

要解决兄弟姐妹之间由情绪性差异带来的问题，关键是在家里建立开放的沟通渠道。正如认识外向性的个体差异，兄弟姐妹在认识情绪性差异的过程中也可以培养同理心——理解每个人都是不同的，并尊重这些不同。父母与高情绪性儿童一起制订策略的过程对低情绪性儿童来说也是宝贵的一课。这是尊重他人意见、公开讨论事项、解决问题、携手合作的良好示例。

现实是，孩子们受到的对待总会有所区别。在面对这种父母教养方式的差异时，孩子们可能疾呼"这不公平！"，毕竟，他们只能通过自己的"基因滤镜"来看世界，不成熟的大脑也无法完全理解其他大脑的工作方式是不同的。但公平并不是平等，就像有的孩子喜欢足球，有的喜欢音乐，你肯定会根据孩子的情况给予不同的支持。如果一个孩子在数学方面需要额外的帮助，你就可以给予帮助，而那些在数学课上镇定自若的兄弟姐妹当然就不用了。情绪性不同的孩子，需要的东西也不同，这都是正常的。最好的教养方式应该是为每个孩子量身定做的，而不是"一刀切"的。

要点

- ◆ 养成孩子未来良好行为的最佳方式是尽量促进好行为，而非专注于惩罚坏行为；实施的策略需要根据孩子的情绪性水平进行调整。

- ◆ 对于低情绪性孩子，正确实施的奖惩机制就可以非常有效地调整他们的行为。

- ◆ 奖励必须是热情、具体、及时、一贯的。每次只关注少数行为，并对方向正确的每一次小小的进步实施奖励。谨慎地使用惩罚，而且永远不要"定罪量刑"。培养自己不把小事放在心上的能力。

- ◆ 情绪性水平高的孩子往往会引起父母严厉、消极的反馈，但这些孩子最需要也最适合**温暖**、**柔和**的管教。在情绪爆发时实施惩罚通常会使行为变得更糟，而非更好。

- ◆ 关注极端行为（如发脾气、扔东西、打人）的**触发因素**，而非**行为**本身。

◆ 减少情绪爆发需要你和孩子一起找出情绪反应背后的原因，然后一起解决问题，并共同制订计划来帮他们管理强烈的情绪。

◆ 抚养高情绪性孩子是一个挑战。记住，为人父母是一场马拉松，而不是短跑冲刺，所以你必须保持好的状态！照顾好你自己，这样才有精力和高情绪性孩子一起努力。

第六章

自控力："太难了，我做不到。"

20世纪60年代，美国斯坦福大学的一个研究小组在实验中让一些学龄前儿童做一个选择：立刻吃一份好吃的点心（例如饼干、棉花糖或其他零食美味）还是等一段时间后吃两份。要得到双倍的奖励，孩子就必须坐在一个房间里，盯着诱人的奖励长达20分钟，然后等研究人员回来，才能得到双倍的奖励。是通过等待得到更大的奖励，还是及时行乐，孩子们的表现有很大的不同。这项实验就是著名的棉花糖实验[1]。

这项研究最吸引人的是，研究人员在实验室外，继续跟踪了这群孩子的成长过程。从学龄前儿童是否能够等待，可以预测其日后的人生表现。等待时间更长的孩子到了青春期时大学入学考试（Scholastic Assessment Test，SAT）的分数更高，社交和学业表现更好。他们会更少地屈服于诱惑，更能集中精力，更能事先考虑和做计划。成年后，他们更少滥用药物，受教育程度更高，体重指数（Body Mass Index，BMI）更低。他们更善于处理压力和挫折，也更善于追求目标。

棉花糖实验的结果在世界各地被重复验证。对整个儿童群体从幼儿期到成年期的跟踪研究同样发现，在幼儿期测量的自控力可以预测许多生活结果。例如，在新西兰进行的一项著名的纵向研究[2]对20世纪70年代初出生的1000名儿童进行了约50年的跟踪调查。研究人员发现，一个人在儿童时期的自控力与未来的身体健康、物质滥用、个人财务状况和犯罪情况都有关，而且这种相关性远远超过了儿童的智力和社会阶层与这些因素的相关性。自控力甚至还能用来判断家族内不同人的情况——自控力较低的孩子取得的成就不如自控力较强的兄弟姐妹。

能不能等待第二颗棉花糖这样简单的事情怎么能预测未来人生的结局呢？如果我们的孩子等不及就吃了棉花糖，对我们这些做父母的来说意味着什么呢？

棉花糖实验之所以有预测性，是因为它反映了孩子的自控力水平。自控力指个体调节行为、情绪和注意力的能力。高自控力水平的儿童可以耐心等待双倍奖励；而低自控力水平的儿童，在研究人员还没离开房间时，就已经开始吃棉花糖了！

自控力有很多名字：自我控制（self-control）、行为控制（behavioral control）、冲动控制（impulse control）等。缺乏自控力的孩子被认为是**易冲动**或**易分心**的。自控力强的孩子被认为是**有责任心**或**可靠**的。我更喜欢"自控力"这个说法，这是因为：（1）外向性（extraversion）、情绪性（emotionality）、自控力（effortful control）的英文单词或短语都是 e 开头，更容易让人记住；（2）这个说法强调了这项能力需要努力才能发挥出来。

自控是件难事！不然的话，我们肯定都能完成在新年伊始时设立的目标，都能成为幻想中的自己。并且，因为自我控制是受基因影响的，所以有些人比其他人更难自控。就像棉花糖实验结果显示的那样，在发育早期，自控力水平的差异就表现出来了，而且它是稳定的。但好消息是，自控力也具有可塑性。我们可以培养孩子一些后天的技能，只是需要……努力。但对我们这些家里养着"棉花糖吞噬者"的父母来说，这说明还有希望，我们是可以做一些事情来帮助孩子培养自控能力的。

自控力背后的脑科学

一个人主动控制其行为和情绪的能力与两个关键脑区有

关。第一个是大脑的边缘系统，有人将其称为"热"脑（hot brain）。它位于大脑深处，是大脑最基本、最原始的部分。它是情绪化的、反射性的、无意识的，是为"去做！"的反应而专门设置的。它能迅速对情绪刺激产生强烈反应，特别是对疼痛、愉悦和恐惧。在人类出生时，这个脑区就已经能完全发挥功能了，这就是为什么婴儿在感到饥饿或疼痛时很快就会哭泣。婴儿不需要学习如何在这种时候引起你的注意。他们凭本能就知道该怎么做。"热"脑经过人类长久以来的高度进化和适应，所以从我们的人生一开始就已经准备就绪了。这也是为什么婴幼儿几乎没有自控能力——他们只有热脑是已经高度发展的，他们就像是一台没有刹车的小发动机一样。

"刹车"来自第二个关键脑区——前额叶皮层。这个区域更复杂，它就位于你额头后面的位置。前额叶皮层发育较慢，直到20多岁才完全发育成熟（有证据表明，与女孩相比，男孩的前额叶皮层成熟时间更晚一些。我们女性对此可一点也不感到惊讶）。这个又被称为"冷"脑（cool brain）的部位，参与更具反思性、更复杂的决策过程。有趣的是，保险公司比科学家还更早"发现"大脑的发育到20多岁才趋于平稳，其数据显示，交通事故发生的概率在25岁以后就会大幅降低。所以，青少年的保险费率才如此之高，而且要在25岁以后才能租车。

随着前额叶皮层发育到完全成熟的状态，它就能够进行更复杂的、高阶的思考方式，如计划和决策等，这有助于抑制冲动倾向，这些都会让司机表现得更好，事故更少。

更进一步来说，前额叶皮层能帮助我们延迟满足感，让我们能追求长期目标。它是大脑中最精密、最发达的部分。随着年龄的增长和前额叶皮层的发育，所有儿童的自控力都会有所增强。但孩子能够发展出**多少**自控力，就由各自大脑独特的连接方式控制了。

我们自控力的天生倾向与我们的"热"脑和"冷"脑的相对活跃程度有关。在棉花糖实验中，选择立刻吃棉花糖的孩子的大脑看起来与等待双倍奖励的孩子大不相同。选择立即享用棉花糖的孩子"热"脑区域表现得更活跃，特别是在面对诱人刺激的情况下。在他们的大脑中，与快乐、欲望和即时奖励相关的部分占主导地位。相反，那些能够耐心等待更大奖励的孩子，他们的前额叶皮层——负责计划和决策的"冷"脑区域更活跃。换句话说，马上就吃掉棉花糖的孩子"发动机"更强，而等待双倍棉花糖的孩子"刹车"更强。

虽说"热"脑有时名声不太好，但它其实非常重要。它是大脑中参与"战或逃"反应的部分，能帮助我们做出当下、即刻的决定。它是由数万年的进化形成的，对我们祖先的生存至关重要。在远古时期，能够在面对野生动物时快速反应要比规划理想的洞穴住所重要得多。如今，我们已不必面对狮子的突然袭击，但仍然需要迅速做出反应，以躲避伤害，例如在遇到入侵者时逃跑、在遇到蛇时赶紧躲开、在有东西砸来时闪避。我们的大脑能在瞬间做出具有反射性的决定，可以很好地帮助我们走出充满可能性的思维迷宫。在关键时刻，"热"脑可以救命。

对生存和繁殖重要的事物也会激发"热"脑做出反应。食物和性都会带来奖励性的感受，"热"脑喜欢这些感受，并不断寻求这些感受。它驱动我们进食，并确保人类能够持续繁衍后代。因此，用于寻求奖励性的感受、关注当前需求的"热"脑非常关键。

但是，对欲望即刻做出反应也可能让我们陷入麻烦——特别是在充斥着各种诱惑的现代世界里。我们的"热"脑热衷于"此时此地"，而当今世界有那么多"此时此地"的诱惑，要寻求即时的满足并不是件难事。现在就想吃饼干，这样比较开心，但这可能导致未来的体重增加；和朋友出去玩比较开心，但这可能让你写不完学校的作业；睡懒觉比健身舒坦，但长远来看，这可能无助于保持健康。"热"脑的过度活跃与肥胖和成瘾有关，而这两种情况正是因为难以控制冲动所导致的。"热"脑具有许多重要的功能，但也会造成问题。

这就该轮到"冷"脑发挥作用了。"冷"脑能帮助我们规划未来，做出困难的决定，帮助我们实现长期目标。延迟奖励并不会带给我们即时的满足感，所以我们才需要思考。当"热"脑说"吃掉棉花糖！"时，"冷"脑却说："等一下，如果我现在不吃棉花糖，从长远来看，对我来说会更好。""冷"脑会帮助孩子抵制诱惑，不在沙发上跳，因为你告诉过他们不要这么做，而如果他们这么做了，他们就有麻烦了（即便跳沙发是那么好玩）。随着年龄的增长，孩子的"冷"脑就会帮助他对朋友的邀约说不，推动他为几天后的考试复习，以获得更好的成绩，为将来进入自己喜欢的大学、找到更好的工作、有更稳定的收入做准备……要想把所有这些都想清楚是很复杂的，相比之下，听"热"脑的"派对，我来喽"就简单多了。

自控力与多种积极的人生成就有关，因为这种将目光放远、提前计划未来的能力在很多方面都对我们有益。这种能力能帮我们做出艰难的决定，延迟满足感，但最终带来更大的回报。它还有助我们去追求各种不同的目标，无论这个目标是关乎健康、家庭、学校还是工作。并且，它还会阻止我们做可能使我们陷入麻烦的事情。唉，可惜的是，孩子的大脑就是还没有充分发育，所以这方面的能力还很薄弱。

了解自控力的多种面貌

孩子的外向性和情绪性会影响自控力的体现方式。低自控力、高外向性的儿童更容易冲动和吵闹，英文谚语如此形容这样的特质："鲁莽的人就像是闯入瓷器店里的蛮牛。"这类型的孩子就是蛮牛。他们会为了在朋友面前"表现"而从树上蹦下来。让我们来预言一下这类孩子的未来。因为低自控力、高外向性的孩子喜欢被人围绕，而他们天生自控能力又比较弱，所以他们比较容易在青少年时期陷入麻烦。在青春期，与同龄人的交往变得越来越重要，同时，"热"脑更有可能刺激他们去追逐乐趣。对青春期的孩子来说，这意味着他们可能觉得聚会比学习更重要，也更可能饮酒。当然，在现阶段，孩子还小，你可能更担心的还是孩子跌断手臂，进出急诊室。

另一方面，低自控力、高情绪性的儿童特别容易撒泼、发脾气。他们很容易烦躁，而且难以控制这些强烈的情绪。事实上，因为情绪性本身也涉及控制情绪的能力，所以高情绪性孩子的自控力较差并不是罕见的事。不过幸好，低自控力、高情绪性的孩子只要学会提高自控力的方法，他们管理情绪的能力就会得到提升，而且能够更好地与父母一起合作解决问题，就像我们在上一章中讨论的那样。前额叶皮层的自然成熟也能改善孩子的自控力，进而提升他们的情绪管理能力。时间也会帮你的忙。

同时，你也要记住，自控力水平低的人并非在所有情况下都是如此。在某些情况下，他们可能具有更好的自控力。对成年人来说，自控力有几种不同的体现方式：有时我们需要让自己有动力去做某件事（早起去健身房）；有时我们需要让自己停止做某件事（别去吃第二块蛋糕）；有时我们要坚持做一些无聊的事情（工作、付账单等）；而有时我们不得不避免做一些可能后悔的事情，无论是在心情好的时候（例如升职后彻夜放纵），还是在心情坏的时候（例如跟老板大吵一架）。孩子们也一样，在不同的情境下，孩子体现自控力的方式也会不同。

总的来说，我们会高估行为的一贯性。回想一下前一章的内容，高情绪性儿童并不是一直那么高度情绪化的，他们通常只是因为某些事件触发了自己强烈的情绪反应，而低自控力的孩子也是如此，他们通常也有比较不擅长应付的特定情况，举例来说：有的低自控力的孩子或许可以乖乖完成作业，但是控制不住在床上蹦来蹦去或在屋里跑来跑去；有的低自控力的孩子平时都很听家长的话，但要是遇到让他们很兴奋的事物，比如路上偶遇朋友，那么他们就会像离弦的箭一样，冲到马路对面找朋友去了。

与自控力有关的挑战，大致可以归结为两个方面：

难以**停止**做想做（但不该做）的事情；

难以**开始**做不想做（但应该做）的事情。

"难以停止"的挑战，指孩子在生日派对上狂奔、撒野、撞翻桌椅这类事情。"难以开始"的挑战，指孩子在游戏结束后主动把玩具收好这类事情。

这两种挑战都与同一个状况有关，即当下（现在想要的）比未来（长远来看可能是最好的）更重要，对低自控力的儿童来说尤其如此。克里斯托弗在聚会上和小伙伴们跑来跑去，玩得很开心，结果就没能考虑到：如果桌子被撞翻，他会有什么感受；东西摔坏了，大家都齐刷刷盯着他的那种尴尬；父母的责骂……这些都是他在屋里跑来跑去时想不到的。伊莎贝拉玩洋娃娃玩得正开心，以至于她不想停下来，不想把东西收好下楼吃饭。她正专心致志地假装给洋娃娃洗澡，完全想不到当父母失去耐心，从餐桌前来到她的房间找她，还发现洋娃娃的衣服扔了一地时，他们会有多么生气。

好消息是，如果你的孩子自控力较低，那么不管他面临的挑战是哪一种，你都有一套通用的策略可以帮助他提升自我控制能力。这是因为所有需要自控力的情况，都可以通过**想象未来**并努力**使其更贴近当下**来得到改善。有些人天生就能很轻松地做到这一点，他们是拥有高自控力的个体，但其他人就需要一些额外的技巧来锻炼自控力了。

提升自控力的策略

发展自控力的关键是让它变得不需要那么努力。

还记得低自控力孩子的"热"脑更具优势，他们更偏重"当下，立刻"吗？也就是说，你叫他们却没得到回应，或者你管他们他们却不听话，不一定是他们在挑衅或者无视你。他们的"热"脑天生就倾向于专注当下，而"冷"脑还不擅长思考未来的后果。

帮助孩子发展自控力，诀窍在于引导孩子了解一些基本的道理，用这些来推孩子一把，而不是用来针对他们（以及你自己）。我们要利用孩子超级发达的"热"脑来辅助完成"冷"脑的工作。要做到这一点，你就得诱骗孩子的"热"脑，让它更多关注未来、更少关注当下。正如设计棉花糖实验的心理学家沃尔特·米歇尔（Walter Mischel）所说："你要点燃未来，冷却当下。"你要把未来带到低自控力孩子生活的

"此时此地",还要想出办法来帮助孩子抵制当下的诱惑。我们接下来将详细学习自控力策略,聚焦于以上提到的每一部分:让它变得不需要那么努力,点燃未来,冷却当下。

在开始之前,有一个好消息要告诉家有低自控力孩子的家长:因遗传因素导致自控力低的孩子,会因为家长的干预而获益最多。换句话说,那些自控力最差的孩子,在使用正确的自控策略后,进步也会是最大的。那么,让我们开始吧。

让它变得不那么需要努力

怎么才能把需要努力去做的事情变得轻松一点呢?

答案是,把它自动化。

"当……就……"策略是实现这一目标的关键。自控之所以困难(不管是对孩子还是对我们自己),是因为当我们真的想做或不想做某事的时候,"热"脑会占据着主导地位。而对低自控力的孩子来说,父母很难用理性劝说"冷"脑尚未充分发育的他们去执行更好的行动方案。"当……就……"策略就是不需要"冷"脑指导的行动方案,孩子们在执行它的时候不用思考,更不用想怎么做更好。

"当……就……"策略很简单:当 X 发生,你就做 Y。我们要让"热"脑记下触发条件,然后完成这项工作,比如:

当闹钟响起，就要起床；当妈妈叫我穿上鞋子，就要穿上鞋子。将经常导致自控失败的情境，与预先计划好的回应动作联系起来，每次"当……"的情况发生时，要用"就……"的行为来回应，不要思考，不允许自己在当下做出任何其他决定。当 X 发生，你就做 Y。随着时间的推移，这会成为一种习惯，也就不再需要努力自控了。

不过，这个策略成功的关键在于要瞄准几种你想要集中精力整改的行为。**这个"当……"几乎可以是任何事情**：可以是一种内在的触发情绪（当我开始生气、当我变得非常兴奋），也可以是一种外在的触发行为（当妈妈或爸爸叫我、当我在街上看到一只我非常想抚摸的小狗）。"就……"同样可以是你想要的任何东西。这些都视情况而定。关键在于，你要先想好一种你和孩子都能接受的行动，而且是可以解决自控力不足的行动。

不管你的孩子在什么情境下遇到了自控力方面的困难，你都可以使用"当……就……"策略。但要注意，你每次只能关注一两个问题情境。我们不可能一次解决孩子所有的自控力问题。请记住，这个策略的核心是取消思考这个步骤，让孩子的大脑发展出自动化反应。如果孩子一次有两个以上的方案需要记住，那对他们来说就太难了。

孩子演练得越多，就会做得越好："当"闹钟响起时，我"就"要起床；"当"我进屋了，我"就"要脱掉鞋子。

你可以从列出孩子在自控力方面有困难的事项开始。记住，低自控力有多种表现方式，因为自控力是一个人控制其行为、情绪和注意力的能力。低自控力在不同孩子身上的表现方式也不同。表 6.1 列出了一些儿童难以自控的常见情境，其中很多都发生在孩子们感受到强烈情绪的时候。比如，当孩子感到沮丧、生气、烦躁、无聊时，或者过度兴奋的时候。强烈的情绪往往会激活"热"脑，从而限制用于理性思考的"冷"脑的能力。我们每个人都是这样。有一次我在心烦意乱的状态下吼了孩子，因为修理家电的师傅预定时间过了一个多小时还没来，事后我感到很内疚，但在那个"当下"我真的没法忍住脾气。

表 6.1 儿童难以自控的常见情境
难以完成枯燥的任务（收拾玩具、做家务、刷牙、穿衣服等）
难以控制强烈的情绪（愤怒、沮丧等）
难以停止手边的活动去做另一件没那么有趣的事
忍不住做冒险行为（如从高处跳下来、冲进海里）
抵制诱惑（如美食、被规定不准触摸的东西）
多动（满屋子奔跑、兴奋时精力过于旺盛）

记住，你一次只能专注于解决少数几项问题。所以，就挑那些最让你抓狂的——或者说得好听点儿，你最关切的一两个吧。你可能很轻松地就能说出你的孩子在哪些方面自控力较差，可能真正让你头疼的是列出的需要改善的事项太多了，你难以取舍。有的家长告诉我："问题实在是太多了，我都不知道要从哪里下手！"做记录其实就可以很好地帮你掌握孩子的行为。你可以持续追踪记录你观察到的孩子有自控力问题的事项，然后先选择那些最常发生、最棘手或有潜在危险的事项开始整改。如果你平时经常带着手机，那就用手机简单记录，来帮自己追踪各种事件。

一旦你发现了孩子难以做到的事，请跟孩子一起找出并说出触发的原因。这样做就是在帮孩子找出那个"当……"的情境。别忘了前面说过的，情境的触发事件可以是一个内部触发因素（情绪），也可以是一个外部触发因素（发生的事）。比如：

- 当我的兄弟姐妹让我特别生气；
- 当发生不公平的事情；
- 当我感到精力特别旺盛；
- 当我的闹钟响起；
- 当我妈妈叫我。

接下来想一想"就……"。如果孩子的"当……"与强烈的情绪（如愤怒、沮丧）有关，那你就要选择一项有助于孩子冷静下来的"就……"活动（详见下文"冷却当下"）。它们可以是深呼吸，或者去自己房间做一些安静的活动（比如画画或者看书）。而如果孩子的"当……"与精力太旺盛或多动有关，那你就要选择一种可以让孩子释放能量又不会造成不良后果的方式：

◆ 我**就**做开合跳；

◆ 我**就**慢慢地做深呼吸；

◆ 我**就**回自己房间画画。

你的"当……就……"策略也可以融入"开始做某事"的行为："当"我叫你名字，你"就"要放下正在做的事情然后过来；"当"兄弟姐妹抢走了你的玩具，你"就"要来告诉我，而不能打他们；"当"我说该刷牙了，你"就"要马上去浴室刷牙。"当……就……"策略必须针对你希望与孩子一起努力改善的特定事项。

明确地向孩子表达，在实行"当……就……"计划时，他们要在每次"当……"发生时，必须立即执行"就……"的行为。没有疑问。没有例外。

最后一件事是当孩子完成了"当……就……"计划时，你要给予奖励。这也是为什么我们要把"自控力"放在最后来讲——因为它把前面章节谈到的所有内容都结合起来了！记得要立即且热情地奖励孩子："真棒，我一叫你，你就马上跑过来刷牙了！"

为了推动"当……就……"计划，你得和孩子一起练习。让孩子假装遇到"当……"的情境，然后让他练习立即做出"就……"的反应。之后给予奖励并重复练习。请记住，你要通过一次又一次的练习来让行为逐渐自动化，帮助大脑在"当……"和"就……"之间建立起新的连接。

举例来说，如果孩子的"当……就……"计划是：当妈妈叫我，我就要立即停下我正在做的事情，然后去找她。那么你可以让孩子去自己的房间假装玩玩具，然后你叫孩子的名字，让孩子立即停下手头的事并去找你。如果孩子愿意配合，你可以试着让他把行为做得夸张一些。例如，如果你的女儿正在玩过家家，那么你可以要她丢下手边的一切道具，然后跑向你；如果你的儿子正在玩玩具剑，你可以让他把手上的武器扔到半空中，然后以闪电般的速度奔向你。之后，你立刻要像啦啦队表演般热情地赞美孩子。"哇！你看你跑得有多快！"

再例如，如果孩子的"当……就……"计划是：当我真的很生气的时候，我就要慢慢做 5 次深呼吸。你要经常敦促孩子练习。假想一种过去曾让孩子突然暴怒的情况，让孩子想象一下那种感受，"你感觉自己越来越生气，越来越生气，好像马上就要爆炸了。"然后，提醒孩子要做的"就……"行为。一旦孩子完成练习，立即给予奖励。让这个练习变得好玩。记住，"热"脑喜欢快乐，所以将"当……就……"这一连串行为与正面的感受联系起来，有助于巩固这种连接。

你可能会留意到，"当……就……"计划和前一章中高情绪性儿童的问题解决策略有许多相似之处。这是因为"当……就……"策略可以应用于任何类型的自控力问题，而不仅仅是控制情绪。对难以控制行为或难以控制注意力的儿童而言，这种策略同样有效。

加热未来

另一个有助于提升自控力的技巧，是把发生在未来的负面后果提前。孩子之所以没有在父母要求时立即停止玩玩具，没有去穿睡衣，是因为他们正专注于当下的快乐。他们考虑不到如果忽视父母说的话，自己十分钟后可能遭遇的后果——你会冲进他们的房间，因为发现他们根本没有在准备睡觉而大为光火。记住，"热"脑只关注当下。因此，你要让孩子现在就关注未来的结果。要帮孩子做到这一点，你需要让孩子想象未来发生的感受若是发生在**此刻**会是什么样子。

成年人可以通过想象很好地做到这一点。当你的伴侣要求你帮他 / 她做点事情时，即使你不想去，你脑海中恐怕也会有一个小小的声音告诉你，要是拒绝就会显得你不在乎对方，而且你可不想为此大吵一架。这就是你的前额叶皮层在工作——你的"冷"脑在帮你梳理未来后果的逻辑链条。如果你想激励自己把衣服都洗了，那么即使你在追的剧马上就要迎来大结局，你也会想，要是第二天大家都没有干净衣服穿，那就麻烦了。

但孩子们——特别是自控力较差的孩子，无法对未来进行这么复杂的思考。因此，你就得给孩子搭把手，引发更多与未来后果相关的情绪，让未来的后果在此时此地凸显出来。这一点可以通过角色扮演的方式来做到。角色扮演有助于带出做了错误决定后连带产生的强烈负面情绪，这可以用来提醒孩子，最好不要变成那样。这是一种"情绪预览"，可以激活"热"脑。

这种方法执行起来可能是这样的：让我们先回到伊莎贝拉身上。这个小女孩在父母叫她时，很难停止玩玩具。首先，妈妈或爸爸可以坐下来好好和伊莎贝拉谈谈她的这种行为，并说明双方该怎么做。然后再共同制订一个"当……就……"计划。接着，父母说："我们一起来想象一下，如果你不停止玩玩具，会发生什么。"伊莎贝拉可能说："妈妈爸爸会很生气。""没错，"妈妈回答道，"那我们假装这个情况真的发生了。"于是，妈妈让伊莎贝拉假装在玩玩具，然后妈妈叫她的名字，按照计划，伊莎贝拉仍然继续玩。接着，妈妈摆出狂风般的架势冲进她的房间，用严肃的、愤怒的声音向伊莎贝拉表示她有多不悦，并且会实施这种情况下通常会处分的后果："小姑娘，我告诉过你，妈妈叫你的时候不可以假装没听到！现在去计时隔离。"

再举一个例子，对大一点的孩子，可以这样：让孩子想象自己本应在房间里做作业，却开始玩手机。你假装走进房间，发现孩子在玩手机，然后你就用严厉的声音说："你告诉我你在做作业，结果是在玩手机。你一会儿不能去朋友家玩了，因为你该干的事还没干完。"角色扮演的要点是要让孩子想起他们不听话所造成的后果，想起事后糟糕的感觉。他们不会喜欢这样的感觉，不会喜欢接下来的后果。通过角色扮演，孩子可以更加直接且逼真地感受到后果。

重要的是，在角色扮演之后，你们要针对该情境练习

"当……就……"计划。当孩子做到了该做的行为之后，你就要给予孩子大量的赞美："很棒啊，我一叫你你就过来了！""好极了，你在玩之前就写完作业了！"

如果你觉得假装生气对孩子会不会太残酷，记住，孩子也知道你是在假装。即便如此，角色扮演仍然能引发情绪反应，这可以帮助孩子学会日后要努力主动控制自己的行为。让孩子通过角色扮演学到后果，总比真的产生了不好的后果而惹得大家都不高兴要好。练习"当……就……"，再加上你的表扬，整件事情会在一个积极向上的氛围中结束。此外，孩子会意识到：如果没有把注意力放到应该做的事上，感觉会很糟；但我要是做到了应该做的事，就会感觉很好——这种对比也会在孩子心里强化一件事情，即自己做出的不同决定会导致非常不同的结果。这会帮助孩子学习如何去努力控制事情的结果（即学习自控力）。这是一项父母可以教给孩子的至关重要的人生技能。孩子通过自己做出的种种选择会慢慢懂得，是他们自己在为自己的人生负责，是他们做出的选择在主导自己的人生。你没办法帮孩子做那些选择（虽然你很想），从这里开始你就可以推孩子一把，引导他们自己做出最好的决定。

冷却当下

提升自控力的另一种方法，是采用策略把当下的需求冷却下来。技巧如下。

消除诱惑。这是许多人会使用的方法，不管是对孩子还是对自己。这个方法是通过安排好所处环境，减少我们周围的触发因素。例如，我不买薯片，因为我发现如果买了我就会忍不住把一整袋都给吃了。我们家也从不会把饼干罐拿出来放在明面上，因为我知道孩子如果看见就会闹着要饼干吃。你去接孩子放学，孩子如果看见游乐场就会求着你进去玩上一会，而你们的时间安排又不允许，那你就选另一条不会经过游乐场的放学路线。但总有些时候，诱惑实在是避无可避。这对自控力低的人来说就更加艰难了。消除诱惑也许是减少自控力挣扎最简单的方法，但这也只有在某些情境下有效。例如，在聚会上，难免会有一大碗薯片就摆在你触手可及的地方！孩子也会遇上类似的情况，那是他们无法控制的。因此，父母终究还是需要培养孩子的自控能力。

分散注意力。当消除诱惑无法办到时，分散孩子的注意力是另一个好办法。我们实际上经常在孩子身上用这种办法。当孩子吵着要某样东西的时候，我们会说："嘿，你看那边有只鸟，我们去把它画下来吧！"转移注意力不管什么时候都是很好的方法，特别是对年幼的孩子来说，因为"当……就……"策略对他们来说可能实施起来有困难。一句话：如果你能避免"当……"的情境（也就是触发因素），那就是最容易应对的状况了。在棉花糖实验当中，学龄前孩子们使用了各种引人发笑的分散注意力的方法，像是扭过脸不去看、用手指敲桌子、做鬼脸，或是双脚不停踩地面。各种各样的方法——只要能让他们不去想着棉花糖就好！

当一只墙上的苍蝇：从旁看自己。学习抽离自己目前的感受，以旁观者的角度来观察感受，能有效减少痛苦、增加幸福感，许多心理疗法的核心概念都是如此。它是认知行为疗法的一个重要部分，而认知行为疗法是解决各种心理问题的最有效疗法之一。它还是正念的核心，已经有越来越多的证据验证了正念的益处。学习将自己从强烈的情绪中抽离出来，以客观的角度来观察这些情绪，可以帮助人们缓解当下难以承受的情绪，减小由强烈的、具有挑战性的情绪产生的不良影响。

孩子也会有难以承受的强烈情绪。教导孩子"跨出"心里的感受、反思现状，是一种帮助他们学习情绪管理并提高自控力的非常重要的方法。你可以让孩子想象他们自己是停在墙上无人注意的苍蝇，正在一旁观察整个事件如何发展。一般来说，这对当下的情况不会有太大的帮助，但会有利于该情况的总结与分析。这种方法实施起来可能是这样的：

家长：现在我们来想想看，昨天晚上我们为睡前准备的事争吵了起来，到底是怎么了？你可以想象自己是一只停在房间墙上的苍蝇，你看到了整个事件的发展，给我讲讲苍蝇看到了什么？

要引导孩子完成整个讨论。做这件事没有什么绝对的正确方式，关键是要孩子用客观的角度讲出每个人做了什么、心里是什么感觉，也就是要孩子试着描述每个人的行为和情绪。

家长：苍蝇看到你在做什么？

孩子：我在玩玩具。

家长：苍蝇看到我在做什么？

孩子：你在房间外叫我，让我换上睡衣。

家长：之后呢？苍蝇看到你接下来做了什么？

孩子（心虚地笑）：我还在玩玩具。

家长：之后又发生了什么事？

孩子：你到房间里来了。

家长：结果苍蝇看到我怎么了？

孩子：骂我！

家长：我当时看起来是什么心情？

孩子：很生气。

家长：为什么你觉得我这么生气？

孩子：因为我没有照你说的做。

家长：苍蝇接下来看到什么了？

孩子：我也开始朝你吼回去。

你还可以试着加入一点幽默感："哇，那只苍蝇真是落错了地方了，它不得不听那么多吼叫！"

"当一只墙上的苍蝇"的目的是帮助孩子学习从多个角度看问题，让孩子能跳出自己的视角（老实说，我们中的许多人可能都容易陷在自己的视角里），看到事情的另外一面。研究表明，退一步并试着以第三者的视角来观察情境，能帮助孩子（和成人）缓解愤怒或受伤的情绪，不被卡在当下，进而得以继续前行。这种方式已被证明对不同性别和背景的儿童都有效。通过不同的角度看问题，对我们每个人都是有好处的。

采用"即刻冷却"的方法。 在孩子需要自控力却很可能无法自控的时刻，为孩子准备一些能让他们冷静下来的方法绝对是个好主意。作为父母，我们当然需要这些方法，其实孩子也一样。给孩子一些方法，让他在感到自己快要失控的时候可以不费力地使用。这也可以作为"当……就……"计划的一部分。冷却方法包括：深呼吸、从一数到十，双手紧握在一起（就像挤柠檬一样）；还可以休息一下，或者进行一些舒缓、安静的活动（阅读、涂色、听音乐等），这可以帮助孩子重新找回掌控感。跟孩子一起找出哪些方式适合他。例如，我的孩子就不喜欢像挤柠檬一样捏自己的手，他觉得这看起来很滑稽，而且这也没法让他安静下来，有时反而让他更烦躁。相反，他发现回到自己的房间、独自躺在懒人沙发上，对他来说是更好的冷静和自我调节的方式。

在帮助孩子培养自控力上，父母可以做的其他事

到目前为止，我们已经讨论了帮助孩子应对自控困难的具体策略。但是，作为父母，你可以在一些更广泛更基本的层面，帮助孩子提升自控力。

吃好，睡好，保持快乐。每个人在不累、不饿的时候都会有更好的自控能力——孩子是这样，大人也是。我们大概都知道这一点，但有时最简单的事情往往最容易被忽视。健康的

睡眠和饮食习惯才能让我们保持最佳状态。让孩子坚持规律地就寝和起床，形成标准的晚间作息，避免睡觉前进行刺激性的活动或使用电子产品，这些都有助于促进孩子良好的休息，让他们起床后能表现出自己最好的状态与行为。一家人外出购物时也是如此，如果真的逛得很累了，就不要再硬挤出一件"必须要做的事"了。不要轻易跳过一餐不吃，在车里备一些健康的零食以备不时之需（我车的后备箱里放了一大堆——不过大部分都是我在吃），这些都可以让日子过得更顺利。

监测压力水平。压力会对大脑发育产生巨大影响。压力会激活"热"脑，使我们处于"战或逃"反应中。长期处于压力状态下的儿童，"热"脑会进入过度活跃和高度警觉状态，使他们更难学会控制自己的冲动，也更难培养出自控力。当世界还到处都是危险，处于变幻莫测的状态时，进化赋予了我们的"热"脑掌控大局的地位。

因此，作为父母，你能做的最重要的事情之一，就是让孩子感到安全、有保障和被爱。在你的可控范围内，让孩子的世界更稳定、更可预测。家庭里激烈的争吵或暴力、不可信的成年人、危险的社区……所有这些都会使孩子难以培养他们的思考和计划能力，迫使他们拼命着眼于此时、此地的事。

只要父母在能力范围内尽量减少孩子生活中慢性、强大的压力的来源，孩子就会受益。

鼓励自主性。减轻压力并不是说你就得掌控孩子所处环境的方方面面。事实上，对孩子的过分保护也会损害他们发展自控力。父母需要支持和鼓励孩子的自主性。孩子是从尝试和后果中学习自控力的技巧的。就像孩子在学校参加数学考试一样，掌握自控力是父母代替不了的。孩子们必须自己学习。相比数学，自控力的技能对孩子的生活结局可能更加重要！所以，多多地给孩子机会练习，让他们可以发展自己的自控力。孩子不见得总能做对，但他们一定会越做越好。

例如，孩子可能会问能不能在做作业之前玩游戏。你心里怀疑他们能否从游戏中收心，转换到认真做作业的状态。不过，允许他们试一试吧，这就是在给孩子练习自控力技巧的机会，或许结果会让你惊喜。给孩子一个尝试的机会，最起码可以避免一些因为设限而产生的抵触、争吵和怨恨情绪。如果孩子没能"通过考验"，那么他们就会知道自己在这方面仍需努力。这也创造了一个与孩子对话的机会。

允许后果自然发生。儿童学习自控力的方法之一，就是从后果中习得教训。这对父母来说可能不太容易，因为父母通常觉得自己的职责就是要保护孩子。但实际上，如果"保护"

孩子不去承受其行为导致的后果，从长远来看就是一种伤害，因为孩子的大脑无法在行为和结果之间建立因果关系的连接。举个例子，假设孩子早上迷迷糊糊心不在焉，忘了带书包去学校，那么你就不要把书包给送过去。一天上学没有书本，天也塌不了，但是这种不舒服的体验会让孩子在以后更加专心地收拾学习用品。孩子需要知道选择是有后果的，而他们可以做出选择。允许后果发挥它该有的效果，让孩子体会到好的选择导致好的结果，不好的选择导致糟糕的后果。帮助孩子将自己的行为与结果联系起来（无论是好是坏），让孩子开始发展这种基本的洞察力，并意识到自己有能力影响结果。

知道何时控制伤害。有些任务真的完全超出了孩子自控力的范围，此时允许后果自然发生并不是个好做法。如果孩子在某件可能造成大问题的事上缺乏自控能力，那么最谨慎的做法就是当作他们无法胜任这件事，然后想办法将可能的附带伤害程度降到最低。这就是为什么我们要在游泳池周围建围栏，在海滩上家长要牢牢看好自己蹒跚学步的孩子。幼儿或自控力差的儿童并没有可靠的自控力来做出好的决定（比如他们在下水之前并不会仔细考虑自己会不会游泳）。有时候，我们作为父母就是要扮演好保护者的角色，而不能指望孩子自己能应对挑战。相同的道理也适用于小一些的、不危及生命的自控力任务。我有个研究发展心理学的同事,她的女儿在大约 1 岁的时候经历了一个会经常乱扔食物的阶段。因为知道她女儿当时还没有掌握控制冲动的能力,他们一家干脆把餐桌移到了房间的另一边,这样所有带软垫的家具都在"火线"之外。同时,他们慢慢地教孩子怎么把食物留在盘子里。

提供自控力的范例。儿童会通过观察来学习。因为每个孩子的大脑一直都还在发展自控力(有些孩子发展快,有些孩子发展慢,高自控力孩子的父母真是幸运!),所以父母可以通过很多可用的资源来帮助孩子学习如何自控。如果你通过搜索引擎搜索"儿童自控力图书",你会找到数百个这方面的故事,你可以和孩子一起阅读,这些故事旨在帮助孩子理解什么是自我控制,以及如何培养它。你如果很会讲故事,还可以自己编一些,讲讲不同自控力水平的孩子的故事。2013年、2014 年的《芝麻街》(*Sesame Street*)是在设计棉花糖实验的心理学家沃尔特·米歇尔(Walter Mischel)的指导下制作的。这两季节目的主题就是帮助孩子学习自我控制的技能。在节目里,孩子会看到饼干怪兽如何学着控制对饼干的渴望。生动的故事可以帮助孩子慢慢地将行为选择与结果联系起来。

让孩子玩提升自控力的游戏。许多受欢迎的儿童游戏实际上都能帮助孩子培养自控力。在玩"红灯绿灯"的游戏时，孩子只能在听到"绿灯"时往前进，在听到"红灯"时就不能动了。"红灯"命令后还在移动的孩子就得退回到起跑线。在另一个游戏"老师说"中，孩子必须执行他们指定的"老师"所说的命令（例如，"老师说摸鼻子""老师说单脚跳"），但前提是发出指令的人必须加上"老师说"三个字才有效。如果玩家指定的"老师"只是说"摸鼻子"，那么谁执行了这个动作，谁就算输。这些游戏都能让孩子学习控制冲动，而最棒的是孩子玩得很开心，甚至没有意识到这是在练习自我控制技能！

以身作则，亲自示范自控力。儿童会通过观察来学习自控力，而父母就是孩子身边最近的模范。当孩子惹到我们时，我们会如何反应？当我们感受到强烈的情绪时，这些情绪也会激活我们的"热"脑，使我们做出反应性行动，而非经过思考后才行动。就像孩子一样，我们天生的自控力水平也各不相同。反思自己在哪些地方自控力有待加强，想想你情绪的触发因素是什么，并且特别关注那些与你的孩子有关的因素。当孩子挑战到你的自控力时，你最好有一个事先准备好的适当的应对计划。好消息是，我们之前讲到的所有技巧也都适用于成年人。"当……就……"计划、冷却策略、从自己的情绪中抽离，这些都可以帮助我们成为更好、更沉稳的父母。

我得承认，有很多次在处理我儿子问题的时候，我都被"热"脑"牵"着走了。我们都有自控力较差的时刻。最近，一位好友告诉我，有一次，她跟孩子在家里待了一整天：她本以为女儿应该已经写完了作业，结果晚上检查女儿的作业时，却发现作业本是空白的。她在盛怒之下盘问女儿，在一场激烈而复杂的交流之后，她得到的答案是"可能"电脑没有把写好的作业保存下来。我的这位朋友终于喊出了一句不礼貌的话，这句话的礼貌版本是："告诉我你的作业到底在哪里！"

有时，尽管我们做了精心的计划，但还是没办法控制住自己。这就是生活，这也是孩子要学习的重要一课。如果你忍不住发了脾气，事后感到后悔，就坦诚地告诉孩子吧。告诉他们那时是怎么一回事（等到大家都恢复平静的时候），那就像他们失控崩溃时一样。你可以借此机会提醒他们：我们都难免犯错，如果犯错了，那我们就要道歉，然后放下歉疚，继续向前走，努力在未来做得更好。这是一个以身作则的方法，示范给孩子看如何培养自控力，让孩子能向身边的榜样学习。

自控力有没有可能强过头了？

一般而言，能拥有自控力是件好事，正如我们在本章中所讨论的，它与许多积极的人生成就相关。但有时，那些自控力太强的孩子可能"过度自制"。这些孩子的性格倾向于过度的自我控制，可能导致他们过于谨慎、不愿冒险。过度自制的孩子可能会变得顽固，不懂妥协。当计划有变时，他们可能就难以应对。这种高度的自我控制可能导致他们与其他没那么看重规则的儿童发生冲突，造成与同龄人交往的困难。

如果你的孩子属于高自控的类型，而且表现出了这些倾向，你可以在他们遇到困难的领域与他们一起努力。温和地挑战你谨小慎微的孩子，让他们去尝试新事物。从小事做起，对孩子踏出舒适区的行为给予表扬。如果孩子的固执已经造成了问题，那么你可以试着使用有关情绪性问题的解决策略（详见第五章）。如果孩子是因为其他自控力较弱的孩子而感到沮丧，那么你就利用这个机会与他们谈谈个体差异，让他们了解，每一种性格都有优缺点，包括愿意冒险也是如此。跟孩子一起对各种性格的优缺点进行思考，这样他们就能更好地欣赏每个人不同的个性和生活方式。

到底应不应该吃棉花糖？

随着本章进行到这里，你可能会想，为什么痛痛快快地立马吃掉棉花糖就是坏事了呢？毕竟，及时行乐、活在当下也没有错啊！

实际上，在某些情况下，抓住眼前的机会是合理的。当环境不可预测，或者不确定对方能否在未来信守承诺地给予奖励时，先抓住手头的利益是有道理的。事实上，棉花糖实验的研究人员发现，**那些更能够等待的孩子几乎曾经都有过他人对他们信守承诺，使他们获得了正向反馈的体验**。如果孩子没法凭空相信别人会在未来兑现给予两颗棉花糖的承诺，那么趁着有机会的时候先吃一颗也是可以理解的。

此外，在有些时候，抓住眼前的机会确实是比较有利的。企业的首席执行官和领导者通常就拥有愿意冒风险且冲动特质较高的个性。然而，过于依赖"跟着当下的感觉走"也可能给我们带来大麻烦，很多人赌博、进行不安全的性行为，或是吃下一整袋薯片时就是如此。在很多情况下，当下去做我们想做的事情，从长远来看并不是最好的。因此，某种程度上冒险、抓住眼前机会可能确实是好事，但我们必须找到正确的平衡点，并学会承担预期风险，这才是自控力的意义所在。它并没有消除作为冒险者的优势，只是帮人掌控这一优势。

性别差异

在前面的章节中，我们没有太多地讨论性别上的差异。这是因为大多数气质倾向并没有性别上的差异。不过，自控力是个例外。以群体来看，女孩在自控力方面的评分要比男孩高（家有男孩的妈妈都可以做证！）。研究人员反复观察并验证了，在学校环境中，女孩通常比男孩更专注、更听话，表现出更强的自控力。女孩专心坐在座位上的时间更长，女孩完成作业的情况也更好。与冲动控制相关的障碍（例如儿童期的多动症和攻击性障碍，成年期的物质滥用障碍）在男孩中的发生概率也高于女孩。目前，研究者尚不清楚这种行为控制上的平均差异是否与生物性或社会性的差异有关，但像大多数的情况一样，可能是两者皆有。不过，我们要记住，尽管平均来讲，女孩表现出了比男孩更高的自控力，但两种性别的自控力水平都呈钟形曲线分布，也就是位于两个极端的人数很少，大多数都是处于中间的位置。

总结

所有孩子都会在自控方面遇到困难：他们刚向你保证不会

打弟弟妹妹,下一秒就打了;他们会无视你让他们整理房间的要求,继续玩玩具;他们会在屋里踢足球,打碎你新买的台灯。如果有一张"孩子做什么会让父母抓狂"的榜单,缺乏自控力铁定名列前茅。

此外,这件事让父母如此沮丧,有部分原因是觉得孩子本应该能做好的,但他们却故意不那样做。毕竟,孩子才刚应和着你说"手不是用来打人的"或者"分享才是关心",但之后又立刻做出不良行为。这就是**期望落差**。父母会认为自己的孩子在年幼时就可以拥有较好的自控力,但大脑发育研究的结果却提示相反的结论,换言之,孩子能够老老实实地(甚至是真诚地)背诵你定下的规则并不意味着他们的大脑就有能力遵守这些规则。孩子的"热"脑能完全发挥作用,但他们的"冷"脑还需要很长时间才能发育完全。这使得孩子控制冲动变得异常困难。最重要的是,每个孩子的大脑都因其独特的基因密码,拥有不一样的构造。低自控力的孩子可能终其一生都会更偏重"热"脑的状态。

本章涵盖了各种帮助孩子培养自控力的策略,但这些策略不是魔法,效果不会一蹴而就。"当……就……"计划可以针对那些高优先级的行为问题,但请记住,与你抗衡的是有数千年进化历史的基因程序。孩子的大脑就是倾向于对此时此地做出反应，特别是那些自控力较差的孩子。要让孩子形成自动化行为需要时间，而且即使孩子逐渐建立起了自控力，他们仍然有可能时不时地犯错。

此时，就轮到父母锻炼自己的自控力了。做几次深呼吸，提醒自己，孩子的大脑还没有成熟。我们要有基本的认知：孩子并不是故意表现出不当行为的，他们的大脑还在发育中，这可以作为我们的一种即时冷却策略。当我反复告诉孩子要坐好，而他第十次从椅子上站起来时，这种策略确实帮我保持了理智。同时，这也显示出为什么对孩子说教，甚至大骂并不能有效地提升孩子的自控力。唉，因为这完全没法让孩子的大脑加速发育，而且因为孩子没能做到能力以外的事而惩罚他，只会让孩子觉得自己很糟糕。在棉花糖实验中，大多数 4 岁以下的孩子都没办法等待得到第二颗棉花糖，而有的孩子（无论几岁）的个性总是倾向于想要立即得到棉花糖。父母们，继续督促孩子提升自控力吧，即使他们已经把你的自控力逼到了极限！

要点

◆ 自控力指个体调节行为、情绪和注意力的能力。它受基因影响，在发育早期就表现出差异，但这种能力也具有可塑性。

◆ 主动控制行为的能力与两个关键脑区的发育有关，分别
是"热"脑（边缘系统）和"冷"脑（前额叶皮层）。
"热"脑专注于此时此地，"冷"脑则与决策和计划有关。

◆ "冷"脑需要很长时间才能发育完全，这就是为什么大
多数孩子都有着各种各样的自控力方面的困难。低自控
力的儿童就算长大以后，还是有很大的可能会偏重于
"热"脑。

◆ 有几种策略可以帮助孩子培养自控力，包括"当……
就……"计划、预演后果的角色扮演、冷却策略。

◆ 记住，孩子并不是在故意挑衅你，只是他们的大脑更倾
向于此时此地。这种认知能让你对孩子更有耐心，也有
助于对你自己自控力的磨炼！

第七章

· · · ——— · · ·

认识你和伴侣的教养风格

到这里，你已经很好地了解了孩子，了解了他们的自然倾向，以及他们的大脑是如何运作的。你也更深入地了解了你自己，了解了你的自然倾向，以及自己的大脑是如何运作的。你还学会了如何利用这些知识来建立适配性，也就是能够灵活地根据孩子的需要来调整养育方式，帮助他们成长为更好的自己，并减少家中不必要的压力和摩擦。

但在孩子的生活中，重要的成年人恐不止你一个，孩子生活中其他重要的成年人，像是父母中的另一半、保姆、祖父母、老师、教练等，也在建立适配性方面发挥着重要的作用。这些人对教养方式，以及该如何培养和管教孩子恐怕都有自己的想法。在本章中，我们将介绍你该如何与孩子生活中其他重要的成年人进行沟通、建立适配性，以及如何处理不同照顾者在教养方式和观念上的差异。本章首先要讨论你与其他共同养育者（co-parents）的沟通，在这里我使用"共同养育者"一词，用来泛指在养育孩子过程中起到作用的其他重要成年人。本章的第二节专门讨论孩子在学校的情况，以及如何与老师建立伙伴关系。第二节中的内容也适用于教练、保姆或其他在孩子生活中扮演重要角色的兼职照顾者。他们也可能对孩子的生活造成重要的影响。

引导合作养育

如果你已婚或已经有固定伴侣，你的配偶或另一半毫无疑问会在管教孩子和照顾孩子的日常事务中扮演着重要角色。而你们也可能和许多夫妻一样，彼此的教养哲学并不完全相同。如果你现在并非已婚，或者你现在的伴侣不是孩子的亲生父亲或亲生母亲，那么要在教养方式上达成一致可能就更困难了。在有的家庭中，孩子的抚养者会与其他重要的成年人，比如祖父母或大家族的其他成员居住在一起，这些人也在教养你的子女方面发挥着作用。在本章中，我将使用"搭档"（partner）一词来统称所有可能参与教养孩子的其他成年人。

那么，如果孩子生活中其他重要的成年人，跟你在教养方式上有着截然不同的想法，你该怎么办？或许他们是在严格的纪律和规则下长大的，因此认为顺应孩子的需求是一种新时代的软弱。或许他们坚持某种教养方式才是"正确"的，不相信父母可以顺应孩子的性格，有弹性地改变教养风格（我建议你让他们读读这本书来作为改变想法的起点）。或许你的搭档认为，就是因为你没有给孩子立下规矩，孩子才会闹脾气或出现其他不当行为。父母中，一方认为另一方过于放任，而另一方认为是这一方过于严格或死板，这种情况其实非常常见。这些差异很可能成为家庭里另一种压力的来源。那么，你该如何进行引导呢？

让我们先回顾一下关于各种教养方式的研究。

了解你自己的教养类型

心理学家通常将父母的教养方式分为两个主要维度：情感回应（与情感反馈有关）和行为要求（与控制和严格有关）。每个维度都是一种不同程度的连续体，父母在每个维度上的分布都不同。落在这两个维度上的父母，会产生四种不同的教养类型，分别为**权威型**（authoritative）、**放任型**（permissive）、**忽视型**（uninvolved）和**专制型**（authoritarian），见图 7.1。

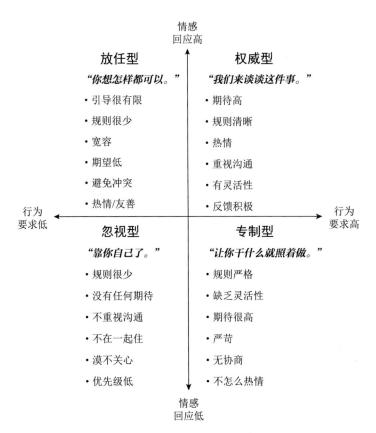

情感
回应高

放任型
"你想怎样都可以。"
· 引导很有限
· 规则很少
· 宽容
· 期望低
· 避免冲突
· 热情/友善

权威型
"我们来谈谈这件事。"
· 期待高
· 规则清晰
· 热情
· 重视沟通
· 有灵活性
· 反馈积极

行为
要求低

行为
要求高

忽视型
"靠你自己了。"
· 规则很少
· 没有任何期待
· 不重视沟通
· 不在一起住
· 漠不关心
· 优先级低

专制型
"让你干什么就照着做。"
· 规则严格
· 缺乏灵活性
· 期待很高
· 严苛
· 无协商
· 不怎么热情

情感
回应低

图 7.1　不同类型的教养方式及其特点

（图片来源：García F, Gracia E. Is always authoritative the optimum parenting style? Evidence from Spanish families. *Adolescence*. 2009 Spring;44(173):101-31.）

　　权威型父母在情感回应和行为要求这两个维度上都属于高度。这类型的父母对孩子的期待高，并有着明确的标准，他们能积极地和孩子沟通，表达自己的预期。他们会制定规矩，并对规矩背后的道理予以解释。他们能够接受孩子对目标和活动有自己的意见。

放任型父母的情感回应是高的，但他们为孩子提供的引导和方向也是有限的。这类型的父母没有那么多规矩，当孩子违反规矩时也会比较宽容。放任型父母更愿意成为孩子的朋友。他们没有那么严格，会让孩子自己去解决问题。他们会关爱和呵护孩子，但对孩子没有高的期望。

专制型父母像权威型父母一样高要求，但他们缺少情感回应。他们倾向于为孩子制定严格的规矩并令其照着执行，几乎不允许孩子有意见，孩子只是被动参与。他们制定的规矩并不灵活，违反规矩会受到惩罚。跟孩子商量事情被他们视为不可接受之事。他们和孩子的沟通往往是单向的：从父母到孩子，孩子应该不容置疑地遵守规矩。专制型父母似乎缺少一点温情和同理心。

忽视型父母不管在情感回应还是行为要求上都属于低度。这类型的父母倾向于让孩子想做什么就做什么，没有什么指导或边界，也几乎没有规矩或期望。亲子间的沟通很少，这些父母不是在孩子的生活中缺席，就是注意力被其他事情占据了。在极端情况下，忽视型父母可能会长期在情感上遗弃孩子。

让我们来看看在几个有代表性的育儿情境中，这些教养类型会如何表现出来。

5 岁的小伊桑正在和妈妈一起购物。伊桑觉得逛得太久了，他快要不耐烦了。于是，他把喝到一半的果汁的瓶子往地上一扔，果汁弄得满地都是。以下是不同教养类型的父母可能会有的反应。

权威型父母（语气坚定而温和）：伊桑，我知道我们购物很久，你累了。但我们必须买东西，这样我们晚餐才有东西吃。我们之前对扔东西是怎么说的？不可以，你不可以在生气的时候扔东西。现在这一地的果汁你准备怎么办？

放任型父母（无可奈何地看了伊桑一眼）：伊桑，你知道你不应该那样做。不过呢，买东西确实很无聊啦。走，咱们回家吧，我给你做好吃的。

专制型父母（提高声音，严厉地说）：伊桑，绝对不许这样做！一会儿回家你就回房间里待着，今天没有甜点吃！

忽视型父母：没有注意到伊桑把果汁扔了。

快进到十年后，让我们来看看另一种情境。15 岁的伊桑在超过门禁时间——11 点后才回到家。

权威型父母：伊桑，我们之前谈过你的门禁时间，你应该知道现在已经是半夜了。如果你没有合理的理由，这种行为是不被允许的。按照我们之前讲好的，因为你超过门禁时间才回家，所以明天晚上你不能和朋友出去了。我们一起想想看有什么办法，让你下次可以记着时间回家。

放任型父母：伊桑，下次尽量早点回来。

专制型父母（提高声音）：伊桑，不许晚回家！你在想什么？你怎么不听我的！以后没我的允许你就别想出门了。

忽视型父母：根本没有给伊桑定门禁时间。

在阅读这些情境时，你可能在这些家长的反应中看到了一点自己的影子。你更像哪种教养类型的父母呢？可能你感觉上面某一种类型与你最接近，但其他类型似乎也有与你相似的地方。其实，在不同的情境中，对不同的孩子，或在孩子成长的不同时期，你的教养方式可能是不同的。这是因为，正如我们在第一章中讨论的，孩子的行为往往会驱动父母的反应。例如，高情绪性儿童可能唤起家长采用更专制的教养方式，因为家长最开始时会希望能压制住孩子的"不良"行为。但接下来家长可能就放弃了，转而采用更为放任的教养方式，因为好像什么招都不管用。

权威型父母的教养方式一般被认为是最有利于儿童发展

的。他们会为孩子设定适当的边界和限制，同时还会培养孩子从错误中学习并独立思考的能力。在许多研究中，这种以同时具有适当的情感回应和行为要求为特征的权威型教养方式，与许多积极的儿童行为相关，包括更高的学业成绩和社交能力，更低的攻击性、焦虑和抑郁程度，以及更少的行为问题。

让我们来仔细分析一下权威型父母对小伊桑发脾气扔果汁行为的回应，看看为什么说权威型教养方式对孩子的发展有益。

外在反应	内在含义
"伊桑，我知道我们购物很久，你累了。" "但我们必须买东西，这样我们晚餐才有东西吃。" "我们之前对扔东西是怎么说的？不可以，你不可以在生气的时候扔东西。" "现在这一地的果汁你准备怎么办？"	对孩子表现同理心并承认孩子的感受。 重申必须做的事情，并解释为什么要这样做。 提醒孩子这个问题是以前讨论过的，并再次明确这一家庭规矩。 要求孩子对自己的行为负责并纠正错误，但不带有贬低孩子的态度。将不当行为视为一种过失，而非孩子本身有问题。并让孩子参与思考处理错误的过程。

当然，这样在商店扔果汁的偶然事件不管怎么处理，都并不会直接决定孩子的一生。我们可能都有过无法冷静下来教育孩子的时刻。当我的孩子一直又哭又闹、纠缠不休的时候，我也会忍不住朝他们大吼："因为我是你妈，我说怎么样就怎么样！"（这可没展示出任何权威型教养方式的好品质。）但总

的来说，许多研究表明，父母一贯的权威型教养方式与儿童一系列的成就有关。

这不全是由你一个人决定的

这里有个难题。教养方式也反映了我们自己在基因影响下的独特个性。这对参与教养孩子的每个人都是如此：我们独特的个性会影响我们把自己视为什么样的父母、我们如何看待伴侣的教养方式，以及我们的伴侣如何看待我们的教养方式。个性还会影响我们如何看待孩子的行为，以及我们是否会认为某种行为是有问题的，以及有多大的问题。

让我们来一一破解这些命题吧。你和你的伴侣可能对孩子的行为是否成问题持不同意见。在儿童发展研究中，研究人员经常会让多人——包括父母、老师和其他照顾者来报告同一个孩子的行为。其中有一项一致的发现，孩子生活中的成年人对孩子一般行为的看法并不总是相同的！一部分原因可能是孩子在不同的人面前或不同的情境中，行为表现是不同的。每当我儿子朋友的爸妈告诉我，我儿子有多乖、多礼貌的时候，我总是震惊得难以相信：你们说的真的是"我儿子"吗？我多希望能见识到他的那一面！此外，我知道很多父母都有过这种经历：当老师赞扬你家孩子有多么好学、多么听话时，你会怀疑那位老师是不是认错了孩子。要保持"最佳表现"对孩子来说可能非常累，尤其是当环境不符合他们的天性的时候。这就是为什么孩子在学校里可以表现得乖巧听话，但一回到家里就闹腾或散漫。因为他们知道家是"安全的"。他们知道，即使不做最好的自己，在家里也是被爱着的。

而另一方面，正如我们在第二章中讨论的，每个人对同一种行为可能会产生不同的感知。我有一位儿童心理学家朋友，她制作了一份关于她年幼女儿的气质问卷，让她丈夫和保姆一起来与她作答。她告诉我，问卷结果显示他们在照顾的似乎不是同一个孩子！儿童心理学家托马斯·阿肯巴克（Thomas Achenbach）是研究不同的人如何感知同一个孩子的行为的领军人。在一项研究中，他调查了250多份关于同一个儿童行为的报告样本[1]，这些报告来自孩子的母亲、父亲、教师、同伴、心理健康工作者，以及孩子自己。这项研究发现，那些在相似环境下接触孩子的报告者（例如父母双亲）更常对孩子的行为做出相同的评价（平均相关系数约为0.6），而那些在不同环境下接触孩子的人，评价的一致性较低（平均相关系数仅为0.28）。至于孩子的自评报告与其他人对他们行为的报告，相关系数仅为0.22！总的来说，研究结果清楚地表明，同一个孩子的行为在不同人眼里，可能大不相同。

因此，你和你的搭档之间存在分歧的第一点，可能是孩子的某种行为到底算不算一个问题。而第二点可能就涉及搭档如何看待对方的教养方式。这就是说，你可能很认同自己的教养方式，但在你的搭档（或孩子）眼中，你的教养方式可能完全是另一个样，和你自己以为的很不同。所以，你可能认为自己是一个坚定而温柔的家长，给孩子定下了明确的边界和期望，但你的搭档（或孩子）则可能完全不这么认为。

　　与你的搭档一起试试这个练习：在两张纸上分别画出前面介绍的教养方式坐标轴（见图 7.1，情感回应轴和行为要求轴，从低到高）。你和你的搭档要各自在自己的纸上标出自己和对方在这两个维度上落在什么位置。这样，每个人都用这种方式给自己和对方做出了评价。画好以后，比较一下你们的标记。标得一致吗？你们对彼此教养方式的看法有多接近？

　　我和孩子他爸一起做这个练习真的让我大吃一惊。在我儿子还小的时候，我们在教养方式上发生过很多冲突，但在评价自己的时候，却都觉得自己肯定处于权威型教养方式的象限之内。我对自己的评价是回应程度略高、要求程度略低，他对自己的评价则是要求程度略高、回应程度略低。但无论如何，我们都认为自己是"理想"的权威型父母。

但我们对彼此的评价就不是这么回事了。我认为他属于专制型的父母，而他认为我属于放任型的父母。换句话说，我们同意我的回应程度较高、他的要求程度较高，但对于另一方在行为要求和情感回应上的表现，我们的看法出现了分歧。他认为我给予的情感回应太多了，没有定下足够的规矩和边界（放任型）；我则认为他太严格、太循规蹈矩了，没有给予足够的关怀（专制型）。

那么，谁才是对的呢？

当然是我，因为我可是博士呢！

这当然只是玩笑话。不过，我确实在很长一段时间内都认为，我"客观地"对如何最好地养育孩子有更正确的观念。如果你也能完全诚实地审视自己，或许也会发现，你通常认为自己的做法都是"正确"的。我们总认为自己的做法是最好的，因为这种做法反映的是我们大脑的运作方式。这对我们来说就是正确的、现实的。

这就是为什么教养孩子如此困难的核心所在，我们每个人都是基于自己的视角看世界，对教养方式的评判随着根深蒂固的观念而产生。要是能在"真空状态"下养育孩子可就容易多了。在现实世界中，参与教养这一过程的每个人对什么是爱、边界、奖励、后果等等都有着潜在的不同的认知。

如何达成共识

那么，你如果和搭档在坐标轴上标记的位置差异很大，该怎么办呢？其实这可以作为很好的沟通起点。你们两个可以互相解释自己对对方教养方式的看法。

是什么让搭档觉得你的回应水平没那么高？或者为什么觉得对方的要求那么高？用具体的例子来说明自己为什么这么看。为什么会认为需要制定更严格（或更宽松）的规矩？为什么会愿意在教养方式上表现出更多（或更少）的灵活性？

你和搭档在进行这样的沟通时，重要的是要遵循下面五个步骤，让沟通更加富有成效。

倾听搭档的观点。沟通的目的不是试图说服对方认识到自己的错误，或者说服对方接受你的观点，而是试着去理解对方的观点。在你的搭档分享或举例的时候，不要打断他，不要抢着说为什么他对事物的看法是错的。这时候，你的任务是"真正地"倾听对方，并试着理解对方的观点。当我们与观点不同的人进行沟通时，在对方讲话的大部分时间里，我们经常是在思考他们为什么是错的，并制订我们的反驳方案。这个技巧在辩论比赛中或许很有效，但并不能拉近双方的距离，促进团结有力的合作养育关系。你可能不会完全认同对方的观点（甚至完全不认同），但至少你可以更深刻地理解对方是如何看待这个世界的。而这正是我们最初的目的：了解对方的观点，并不是为了要判断或讨论对错。你只是在倾听和学习而已。

试着找到共同观点。共同观点是合作的起点，你们在哪些事情上是有共识的？也许你们都同意，跟孩子建立充满温情的关系是重要的，只是你们对充满温情的关系的理解有所不同。也许你们都同意，有必要设立一定程度的规矩和边界，只是你们在该设立哪些具体的规矩和执行的方式上有分歧。也许你们都不喜欢孩子闹脾气，或某种孩子表现出来的特定行为。无论你们找到什么样的共同点，就从这里入手吧。

列出你们的不同之处。将某事"指名"出来，本身就是一种力量。英文谚语"房间里的大象"，是用来形容某个极为明显的问题却被人刻意回避或无视；要消除这头大象需要花上一番功夫。在列举教养方式的不同之处时，用"我"来开头做表述。例如，不要说"孩子每次犯错时，你都不管"，而要说："我认为孩子要为自己的错误行为承担相应的后果，才能让他了解我们对他的期望，这很重要。而我总是不见你对孩子犯错后有任何的教育或处分。"列出你们的分歧后，你无须迟疑，可以直接问"为什么"，以进一步了解对方的观点。关键是要记住，任何一方都不要与对方争论其观点的对错，你们只需要列出你们的不同之处即可。

提出计划，解决分歧。现在你们已经有了一份共同点清单，包含着你们对孩子的共同期望或担忧。还有一份清单，列出了你们在教养孩子上的不同之处。前面的章节提到了如何与不同气质类型的儿童建立适配性的点子，利用这些点子，试着提出若干你们都愿意做出的行动。也许你的搭档暂时不想调整对孩子情绪性方面的管教策略，但愿意试试"当……就……"计划来改善孩子的自控力。依据孩子的天生气质列出各种相应的育儿策略，与你的搭档一起确定哪些是你们可以一起实施的。如果对方强烈反对某项措施，那就先将其搁置，从你们能达成共识的措施开始。

评估和整理思路。作为科学家、研究者，这么说让我觉得有些别扭，但教养子女既是科学，也是一门艺术。是的，我们可以让科学研究来指导我们，但是，研究者们就算竭尽所能，也永远无法充分考虑到影响一个孩子行为的所有因素：各个维度上的遗传倾向、家庭环境、社区、文化背景、学校、同伴、兄弟姐妹、生活中的其他成年人、经历的事件……儿童的行为是多种因素综合作用的结果。儿童是复杂的生物，而教养子女也同样复杂。

　　教养可以说是衡量程度上的差异，在一定程度上是"见仁见智"的，也就是说成为"好家长"的方式有很多：只要落在权威型的象限内，家长便可以使用不同的规矩和策略。实际上，每个孩子的独特天性也要求家长在这个象限内进行调整，根据不同的孩子采取不同的策略。"没有唯一正确的教养方式"意味着我在本书中描述的策略可以有不同的实施方式。教养子女需要试错。

　　请记住**"孩子是复杂的，教养也是复杂的"**，这会在你和搭档一起制订教养策略时发挥重要作用。此外，没有人是客观上"正确的"，记住这一点你就比较能够妥协，可以和对方一起找到双方都能接受的策略。然后，没有什么必须是一成不变的，定好的策略也不是永远不能再改。你们一起定好一项策略，然后尝试、实施并评估其成效，这就是科学的方式。即使你无法全心支持搭档想要实施的教养策略，但只要它不会对孩子造成实际伤害，你们就可以安排一段时间来尝试，然后在试验期结束时整理思路、重新评估，如果有需要，再做出适当的调整。你要给孩子足够的时间去适应新规矩，因为当规矩改变或面对新事物时，孩子的表现很可能不太好。所以，你应该至少留出几周的时间来让孩子进入状态，看看进行得怎么样。然后根据结果，进行必要的调整和配合。

允许不一致

理解搭档对教养子女的看法并不是说你就必须同意他们的看法。你理解了对方的观点及其由来，也仍然可以认为你自己的方式"更好"。强迫让你的搭档屈服于你的意愿，可能事与愿违，在家中制造更多的紧张。有时最好的办法是允许不一致。是的，如果父母双方能够就教育方式达成一致，那当然很理想。但即使父母能够在教养的原则上达成一致，也并不表示接下来就一帆风顺，事实上我见过感情非常好的夫妻在教育孩子的实际过程中也出现了分歧。对许多人来说，搭档的教养方式与自己的不完全一致是很难受的事。

事实上，有时一个家长用着有效的策略换另一个家长用可能就没效果了。你的搭档可能也试过用和你同样的策略来管教孩子，但因为他天生的性格和你不同，所以孩子对他管教策略的感受也会不同。孩子是很聪明的，可以很快发现大人们有着不同的个性和风格。他们一直在学习，无论是有意识地还是无意识地，知道在不同的大人面前调整自己的行为。这实际上也是一项重要的生活技能。所以，如果你和你的搭档对待孩子的方式不同，也不用太担心。

我和我丈夫发现,在家里,某些规矩和策略可以一致地贯彻和遵守,但也有某些是根据我们各自的教养方式实施的。例如,我希望可以在家中实施贴纸图表和奖励系统,而他希望我们对孩子的挑食行为管得更严一点。最终,我们俩都不太愿意采纳对方的意见。而涉及家庭作业和使用电子产品的问题时,我们双方都强烈地认为必须有一致且严格的政策,在这一点上我们就能确定好双方都同意的指导方针。最初,我非常担心我们这个教育团队做不到"完全一致",在我看来这并不理想,但最终结果都很好。我的儿子自己调适过来了,而且可以说,他的表现反而在无意中促使我和他爸的教养方式变得远比最初更为相似。

当孩子长大一些,你还可以让孩子参与对教养方式的评价,让孩子回答爸爸妈妈各自的教养风格是落在图 7.1 中的什么位置。结果可能远超你的想象。先做好心理准备吧,孩子的想法很可能会与你的大不相同。如果要和孩子一起进行这个活动,你一定要遵循一个头号原则:**做这件事的目的是了解孩子的看法,而不是告诉孩子他错了。**

事实上这可能挺困难的。我最近才和我 13 岁的儿子一起做了这个活动。他对我情感回应的评价比我自评的要低,虽然他给出的理由有些启发性,但在我看来这并不准确,也不公平。他竟然提到："还记得有一次我摔断了胳膊，你并没有送我去医院吗？"瞠目结舌的我用尽全身力气才能忍着不把这些话说出口："你是在逗我吗！你讲的那一次我正好在出差！其他你哪一次生病、不舒服不是我陪你去医院的！我情感回应的评价可高了！"

好吧，坦白说，我当时好像没有忍住。现在回想起来，我应该这么说："你会这么看我让我感到有点意外，你也知道，我没办法一直在你身边保护你不受伤，你在成长的过程中也难免会受一点伤。但我能做到的是确保你永远被爱和被关心，以至于当不太好的事情发生时，你知道爸爸妈妈会照顾你。这就是为什么我认为自己是很有情感回应的妈妈。"

这项活动的意义是让父母和孩子能彼此分享观点，但不表示你一定会认同，而孩子内心的想法很可能让你反思作为父母的角色，别说我事先没有警告你。举例来说，如果你对自己的期望是成为权威型的父母，但孩子认为你是专制型的，那么你有没有办法允许孩子提出更多的意见呢？有些规矩是否可以多一点灵活性，让孩子也可以更多地参与决策的过程？如果孩子认为你是专制型的父母，那么这可能反映的是你希望孩子必须尊重家长的家庭价值观。你想把这个价值观赋予你的孩子是可以理解的，但是大概你也不想要一个对成年人百依百顺的孩子，也希望孩子能学会独立思考。虽然直言不讳的孩子可能会质疑你的规矩，但是跟孩子聊聊你的教养方式可以帮助你们了解彼此的观点。

请注意，"让你反思"并不是让孩子来主宰你要如何教养。我很肯定，当我还是青少年时，我更希望我的父母是放任型的。在那个时候，我把他们定的规矩全部视为专制（门禁？为什么要有这种东西！）。但他们就是那样的好父母，就是想要知道他们青春期的女儿在哪里，和谁在一起，在做什么。作为一名发展心理学家（现在也是一名青少年的家长），我现在能够理解父母监督的重要性，但是我在十几岁时还不这么想。记住，孩子的大脑还在发育中，所以他们的认知也会随着发育而改变。

随着时间的变化，还有另一个因素要被考虑到。孩子的天生气质会随着不同的发育阶段有不同的表现。这会让他们在成长的不同时期，与不同的亲属（或身边其他成年人）有不同的适配性。例如，自控力较低的孩子可能搞出很多乱子，总会弄坏家里的东西。这可能让精心设计家居装潢、费心维护家居布置的家长感到十分沮丧，而另一些家长可能感受就没那么深刻。但是，自控力低的孩子到了青少年期，可能有一些风险行为，比如饮酒或药物滥用，到了这个时候，之前不那么烦恼的家长可能也开始真切地感受到自控力低这个令人沮丧的问题了。因此，如果你发现自己的气质和孩子的气质有些不合拍，或者你有点羡慕孩子似乎与家里另一位家长更"合得来"，不用着急，要知道这是有可能随着时间的推移而改变的。

帮助孩子适应学校的环境

孩子的天生气质会影响他们在这个世界上的互动与行为方式，在学校的环境中亦是如此。孩子的基因倾向对他们在学校的互动有着重大影响，无论是与其他孩子的相处，还是与老师之间的关系，亦或是如何遵守学校环境的种种规则。高外向性的孩子在学校很快就能交到新朋友，但低外向性的孩子可能需要更长的时间才能跟同学熟络起来。高情绪性孩子可能比较难面对一整天都需要从一项活动换到下一项活动。而低自控力的孩子则可能根本在教室里坐不住，无法安心学习。因此，正如不同的孩子会因为性格差异而给家里带来独特的挑战一样，他们在学校环境中也会面临不同的挑战。

到了学校，孩子会面临许多要求，他们必须面对其他孩子，必须学会什么可以做、什么不可以做：什么时候可以讲话，什么时候需要保持安静；什么时候要坐在座位上，什么时候可以走动。任何人只要花点时间在教室里待一下，就能明显看出每个孩子在个性上是有差异的：抢着回答问题的孩子、静静坐着的孩子、可以专心听老师讲话的孩子、可以一直待在自己座位上的孩子、经常在椅子上蹦蹦跳跳的孩子、很容易交到一大群朋友的孩子、独来独往的孩子。

在学校的环境中，个体差异会影响每个孩子在学业方面和社交方面的表现，从而影响他们从同伴和老师那里得到的反馈。这种反馈，无论好坏，都会进一步影响他们看待自己的方式和对周围人的感受。他们会认为自己聪明可爱吗？他们会认为其他人友好、值得信赖吗？

孩子的自然倾向会直接影响他们的学习效果，例如，低自控力的孩子难以集中注意力听老师讲课，也就比较难吸收教材上的知识。自然倾向也会间接影响孩子的学业表现，例如，孩子在课堂上是否经常捣乱会影响老师对他们的评价，进而可能还会决定他们是被老师叫去参加课后辅导还是获得荣誉奖。

学校环境的许多方面是老师无法掌控的，例如教室里学生的人数、教室的大小和硬件设施，以及学校日程中的许多固定活动等。但有一些事情是老师可以微调的，例如如何安排教室（谁坐哪里）、如何组织课堂活动（组织小团体活动还是大团体活动）、如何安排活动的频率（活动很多还是很少），以及如何管理学生的行为。这些课堂中的差异会影响每个孩子与学校的适配性。举例来说，某位老师喜欢大型的团体活动，在课堂上经常组织讨论、演讲、汇报，这样的老师或许就很适合高外向性的孩子，因为这类孩子能够自在地在同学面前说话，并乐意成为众人注意的焦点。然而，低外向性孩子可能就被淹没在这些大型团体活动中了。相反，低外向性的孩子可能在完成自己的作业或在小团体活动中表现很好。再举个例子，如果老师要求孩子一天中的大部分上课时间都要好好地坐在座位上，这时低自控力的孩子就可能感到困难，很难达到老师的要求；但如果老师在课堂上开展大量活动，这些孩子在不太受拘束的情况下表现就会好很多。简言之，"同一个"课堂对孩子来说是不同的，与某些孩子比较适配，与某些孩子则不太适配。在某个课堂上容易惹麻烦的孩子，到了另一个课堂可能就表现得很好。

当然，这种差异不仅仅与课堂有关，还与老师有关。老师也有自己的自然倾向，这会影响他们与学生互动的方式和对学生的感受。有的老师性格外向、精力充沛，而有的老师则外向性较低，甚至有点沉默寡言。情绪性水平较高的老师更加难以忍受学生的不当行为，也更不会处理学生的不当行为。而有的老师则能够顺应情势，不急不躁，以平常心应对。如果一个孩子经常在课堂上"接话""抢答"，有的老师可能会觉得有点烦，而有的老师则会彻底发怒，但或许还有一种可能：有的老师会觉得这个孩子积极热情、非常可爱。

老师和学生之间有时候会存在天生的适配性，有时则不然。例如，一位低外向性的老师可能会特别善于关注到低外向性的学生，以免他们受到忽视。但对高外向性的老师来说，他们可能不懂为什么低外向性孩子在课堂上不多发言，进而可能认为他们缺少学习动力或天分。生活经验也很重要。如果老师自己小时候就跟着许多吵闹的兄弟一起长大，那么他可能就更容易理解那些自控力较差的男孩，也知道要如何引导他们，但换成另一位老师可能就会觉得这些学生的行为让人很生气。

有大量证据表明，老师如何看待学生很重要。研究发现，孩子的气质与老师对他们的评价有相关性，而当老师评价的主观性越高时，这种效应就越强，老师对哪些学生最"孺子可教"或最有前途有自己的看法，这些先入为主的观念影响着他们对孩子学业表现的评价。

更进一步说，孩子与老师之间的互动，会影响孩子对自己无论是作为学生还是作为一个人的评价。给予大量负面反馈的老师可能让孩子感到被否定，从而打击他们的学习积极性和自尊。相反，包容孩子并愿意帮助孩子发展优势、改善短处的老师，会对孩子产生重要的积极影响，帮助他们肯定自己的学习能力，提升自己的学习动机，既而提高学业成绩。

优秀的老师明白，留心孩子性格上的差异可以帮助自己进行更好的教学。这能够缓解压力，并帮助孩子减少课堂上可能遭遇的挑战，就好像父母认同孩子的性格差异并协助调适可以改善家庭氛围一样！当孩子的天生气质与环境不匹配时，孩子往往容易做出不当行为。对有的孩子来说，压力可能源于课堂上的嘈杂，而对有的孩子来说，则可能难以适应太一板一眼的教学方式。老师在课堂上要求孩子在同学们面前大声发言时，有的孩子就是容易紧张，没办法好好表现；而有的孩子则需要老师特别地肯定他们的自信和努力。就像家长一样，如果老师没办法肯定每个孩子的个体差异，而是将孩子的不当行为（没有乖乖坐在座位上，拒绝在课堂上发言）视为是故意的，那么他们更有可能去惩罚孩子。如果不了解孩子的天生倾向，老师就会认为孩子缺乏的是追求更好表现的动机，而非管理自己的技能。

那么针对这种情况，家长能做些什么呢？老师的工作量很大，父母要跟自己孩子的性格"搏斗"，但老师得管理整个教室里性格各异的孩子，更别说老师每过几个学年就要迎接不同的孩子。此外，老师还要负责教授学业知识，并关注孩子的情绪和行为发展。老师的工作真的很辛苦！

你比任何人都更了解你的孩子，老师通常也会重视你的意见。如果你认为你的孩子在学校环境中可能会遇到某些特定的挑战，不要怕和老师谈论。最好在问题出现之前，就主动跟老师进行沟通。你要根据孩子的自然倾向来描述，让老师能够意识到孩子在学校环境中可能遇到的问题。在每个学年开始时，我都会试着在各种合适的场合跟老师进行沟通。例如，有的学校在开学前有与老师见面的"开放时间"，还有的学校在学年之初有家长会。有的学校会向家长发放问卷，询问是否有关于孩子的"希望学校老师了解的信息"。你可以利用这类机会让老师了解，孩子的性格特质可能会影响他在学校里的行为表现。如果学校没有提供让你和老师一对一沟通的机会，你可以给他们发邮件或打电话，这取决于孩子的老师偏向于采用哪种联系方式。

以下是几个范例，示范如何进行这样的对话。

"老师好，我女儿泰勒今年被分到您的班上。她天生比较内向，所以我想先跟您说一下，有时候她需要鼓励一下才敢在课堂上发言。她在小组活动时都能表现得很好，但在全班同学面前举手回答问题时，她总是很胆小。"

"詹姆斯是个精力旺盛的孩子，我们还在和他一起努力练习自控力，但有时候他还是会控制不住插嘴或者抢话。我们发现，在他控制不住自己的时候，做一些能让他活跃起来的事情可以帮助他重新集中注意力。比如，去年他的老师会让他去教师办公室取个东西，或在教室后面整理一些文件。总的来说，我们感到他一直都在进步。"

"布里安娜天生就是一个比较情绪化的孩子。她遇到挫折的时候，可能闹小脾气。我们在家的时候会让她做一些事来冷静下来，比如……"

通过这些沟通，你能帮助老师了解孩子的自然倾向，你在家里的经验还能提供曾经奏效的方式给老师参考。但请注意，你不是在教老师该怎么做，你也不应该期望老师一定会怎么样——比如说，让老师把你在家里的方式完全照搬出来，或者采用去年其他老师用的方法。和我们大多数人一样，老师也面临着许许多多的要求，如果你把对话表述为向他们提供有助于理解和帮助孩子的信息，而非试图教他们如何管理班级，他们就能对你（以及你的孩子）做出更好的回应。

有的父母会担心，事先沟通这些信息会不会影响老师对孩子的印象。事实上，无论你有没有和老师沟通过，老师迟早会弄清楚孩子的性格——无论是好是坏。主动总比被动好。某些类型的性格可能给孩子在学校环境中带来麻烦，但许多情况下，在老师掌控下做出的调整有助于减少这类挑战。总之，通过事先与老师沟通，你可以帮助老师做更好的准备来支持孩子及其成长，不至于最终陷入给所有人带来麻烦的境地。

想一想孩子性格的哪些方面可能导致他们对学校环境的不适应：孩子在切换活动方面有困难吗？孩子会觉得安静地坐着很困难吗？孩子容易受到过度的刺激吗？孩子能够适应集体活动吗？积极主动地与老师谈谈孩子的性格以及孩子在学校可能遇到困难的地方，并一起想办法来努力解决或尽量减少困难，可以帮助孩子改善在学校里的表现。无论如何，老师和家长都有一个共同的目标，就是希望孩子在学校的生活开心自在。不同性格特质的孩子在学校里可能遇到什么样的挑战？我列出以下一些常见的问题来帮助你思考：

* 高外向性孩子喜欢和其他孩子在一起，喜欢参加新活动，他们在学校就像在家里一样如鱼得水。然而，如果

再加上低自控力，他们就可能很难控制自己不打断老师的讲话或者不在上课时跟同学说话。父母可以与高外向性、低自控力的孩子一起制订解决策略，努力培养他们的自控力，并和他们讨论在学校和家中应用这些策略是多么有必要。

* 低外向性的孩子在学校环境中可能被忽视，特别是当班级的规模比较大时，他们在这种场合不太会发言。而如果班级里有比较多高外向性的孩子时，这种情况还可能更严重。老师们如果没有留意到这些孩子喜静的天性，就可能会因为他们在班级中表现不活跃，而认为他们缺乏积极性或不太聪明。低外向性的孩子喜欢结交少数特别亲密的朋友，而如果经常换班，认识新朋友或告别老朋友都可能带来困难。

* 低自控力的孩子在学校里容易遇到困难，因为学校里有太多任务都需要孩子发挥自控力——得安静地坐在座位上、专注地听老师讲课、上课不能说话、不能插嘴等。与孩子一起学习自控的策略能够帮他们更好地适应学校环境。

* 高情绪性孩子会在学校里遭遇好几种挑战。他们更容易有痛苦、沮丧或恐惧的情绪，而学校可能有很多引发这

些情绪的情境！明确高情绪性孩子的触发因素将帮助你思考可能给孩子带来挑战的情境有哪些。例如，高情绪性孩子可能难以适应各种活动之间的转换，或在参与跨出舒适区的新活动（例如学校郊游或集体演出）时感到苦恼。

* 这里要特别提醒高情绪性孩子的父母：有时孩子在家中的偏差行为可能与学校的压力源有关，即使这不是那么快就能看出来的。

我儿子刚上小学时，有时候会出现这种情况：我们俩本来早上一切都挺好，但当我带着他走向汽车准备去上学的时候，他会突然扔掉书包，冲进屋子，说他不要去上学了。看到这种情景我不禁目瞪口呆，想知道这到底是怎么了。在我的感觉里，这种情况似乎在我送他上学后需要立马赶去参加重要会议的时候最常发生。不用说，在我沮丧又困惑（还匆忙）的状态下，我很难表现得像个好母亲。这就是只有被动反应而没能主动准备所造成的问题。

随着时间的推移，我发现这些情绪爆发是因为他在我们走向车子的时候突然想起了一些与学校有关的事情，而这些事情使他感到紧张、焦虑。有许多事情可能触发他的情绪反应，比如：想起自己有家庭作业忘做了，或者老师要在课堂上进行一次让他觉得有困难的听写。而对一个高情绪性、低外向性的孩子而言，最糟糕的事情莫过于那一天班上要排练学校演出。多年来，我都会跟儿子的老师提及他对学校演出的恐惧，以及他为此在家里闹出的大阵仗。无须多言，在学校的演出日，我为了舞台上那一颗看起来有点儿尴尬的"石头"（是的，有一年他在学校演出中扮演石头）感到骄傲至极（和松了一口气）。父母终究得接纳孩子真正的模样，虽然有时这意味着纵使孩子扮演的是一颗石头（而不是主角），你还是为他高兴。

大多数老师都会为父母能够积极帮助他们引导孩子顺利在学校生活感到高兴。但我说的是大多数，并非全部。就像共同养育者、祖父母和其他成年人一样，有些老师也会固执己见，对管理孩子的行为有着坚定的个人观念，不愿意改变自己的教育风格来灵活地适应不同的孩子。很遗憾，有的老师无意成为家长的积极合作伙伴。如果遇到了这样的老师，而且无论他们是和你还是和你的孩子都显然没有很好的适配性时，你仍然可以在家里与孩子一起练习应对学校挑战的策略。记住，这种情况总会过去，孩子到新学年可能就换老师了。

养育孩子，需要众人同心协力

孩子在成长过程中，会有很多成年人在他们的生活中扮演重要的角色：老师、祖父母、邻居、伯父伯母……孩子与每个大人的适配性都会以我们无法完全预测的方式影响他们的发展。作为父母，你显然不能期望每个人都能顺应你孩子的个性，也不可能要他们都采用你认为最适合孩子的教养方式。那么，该如何决定什么时候需要就孩子的性格与这些人进行一次沟通呢？如果孩子天生的性格导致他容易在许多环境中遭遇挑战，父母就更关心这个问题了，可是这个问题并没有明确的标准答案。我的经验法则是，如果这些人与孩子相处的时间比较久，并且他们与孩子互动的环境可能给孩子带来性格上的挑战，我就会主动进行沟通。而如果他们与孩子的互动比较有限，并且我认为他们相处的环境不太会出现问题的话，那么我通常就会放手，只在出现问题时再去解决。比如，我和丈夫想去度假，请爷爷奶奶来带孩子一周，这时我就会主动发起沟通。但如果爷爷奶奶每年只是过来玩两天，那就顺其自然吧。对负责在放学后照看孩子的保姆，我会和对方进行一次长时间的主动沟通（通常在决定雇佣之前），仔细说明孩子的性格，但如果只是临时保姆，我可能只是简单介绍一下孩子的睡前流程。作为成年人，我们对要在什么时候对什么人提供多少信息，有自己的考量（我会把昨晚和丈夫争吵的内容完整地讲给好友听，但不会跟来修空调的师傅说），关于孩子性格的沟通也是同样的道理。

要点

- 父母教养方式的差异，主要体现在两个关键维度上：情感回应和行为要求。
- 我们如何看待教养，会反映我们受基因影响的气质类型。孩子如何看待我们的教养方式、我们如何看待自己的教养方式、我们如何看待搭档的教养方式，以及我们的搭档如何看待我们的教养方式，都是如此。
- 对你和共同养育者而言，努力了解彼此对教养方式的看法是很重要的。
- 每位父母都有自己独特的性格，跟孩子的互动方式都不一样，所以一个人采取的策略另一个人用不一定有效。
- 孩子的气质特征会影响他们在学校的适配性。
- 与老师沟通孩子的性格特征可以帮助你们建立伙伴关系，以应对潜在的挑战，并帮助孩子在学校适应得更顺利。

第八章

● ● ● ● ● ━━━ ● ● ● ●

什么时候应该担心，担心了应该怎么办

家长们经常会问我："怎么样才能知道我的孩子有没有情绪或行为上的失调？"

高情绪性什么时候会转变成焦虑症？冲动到什么程度算是异常？我孩子脾气特别大是正常的吗？我的孩子是不是自控力太低，或者有多动症？这些都是困扰着许多家长的问题。即使我有临床心理学的博士学位，也概莫能外。

我在儿子身上也反复操心过这些问题。其实，一般人很难辨别什么才是"在正常范围内"，除非你的工作让你可以跟很多的孩子相处（例如你是名教师或是名日托人员），否则一般来说只有很少的例子可供你参考。那对孩子来说，什么是"正常"的呢？我儿子曾经放着舒舒服服的床不睡，在床旁边

的地上就着靠垫睡了一整年。而我自己小时候，曾连着好几个月除了香蕉什么都不吃。我们很难弄明白在儿童身上什么算是"正常"。

判断一种行为是属于正常范围内还是有必要担心之所以这么难，很大一部分原因是在很多情况下确实没有一个明确的答案。人类的任何特质（包括行为）都落在类似钟形曲线的连续体上；位于左右两端，也就是该特质表现程度最高或最低的人一定较少，大部分人在中间。在统计学中，我们将这种变化模式称为正态分布。因此，从定义上看，某些人的某种特质比较明显是正常的。我们的遗传倾向会影响我们在这个连续体中所处的位置。我们界定的"临床疾病"，如焦虑症、抑郁症或注意缺陷多动障碍等问题的标准，基本上就是这条曲线上的一个数值，如果一个人担忧、悲伤或冲动的程度超过了这个数值，那么这个人的行为就是异常的。但是，在正常的行为变化和异常的行为障碍之间并没有一条明确的界线。没有什么指示剂或生物标记物可以显示孩子是否患有这类疾病。

即使是专家也很难非常精确地确定某种行为是否已经越过了界线而可以算作一种疾病。精神病学家和心理学家的专家组织根据其临床判断和专业知识设计了症状检查表，用来帮助医生诊断行为障碍。在美国，行为障碍的诊断是根据美国精神病学协会（American Psychiatric Association）出版的《精神障碍诊断和统计手册》（*Diagnostic and Statistical Manual of Mental Disorders*，*DSM*）。这个手册在2013年已经更新到了第五版，"障碍"的标准会随着每次版本的更新而有所变化，有时只是微调，有时则是彻底的变革。*DSM*每隔10~15年就会进行一次修订，每一次修订都是数百名顶尖的研究者和临床医生花上多年时间讨论和激辩的结果。世界卫生组织（World Health Organization）发布的《疾病和相关健康问题的国际统计分类》（*International Statistical Classification of Diseases and Related Health Problems*，*ICD*）针对"障碍"的标准则略有不同。*ICD*在2022年发布了第十一版。

也就是说，行为障碍的标准并不是完全精确的，而且会不断变化。我们所能确信的是，行为和情绪的问题在儿童中是极为常见的。美国国家科学、工程和医学院（National Academies of Sciences, Engineering, and Medicine，NASEM）发表的一份报告指出，儿童最常见的心理疾病是焦虑症，在6~17岁儿童中约有30%存在不同程度的焦虑状态。接着是注意缺陷多动障碍或对立违抗性障碍之类的行为障碍，影响约20%的儿童。然后是抑郁症，影响约15%的儿童。符合诊断标准的儿童，可能其恐惧、沮丧或冲动的程度已经大到足以在生活中造成重大问题。

心理学家在探讨儿童的行为和情绪时会使用两个维度——内倾和外倾。这两个术语反映的是儿童会把情绪方面的困难引导至何处：内部还是外部。内倾指儿童所经历的内心的问题，如焦虑或抑郁。外倾则指儿童在外部表现出来的问题。注意缺陷多动障碍和对立违抗性障碍就属于外倾障碍。"内倾"和"外倾"这两个术语提醒我们，这些行为是程度性的，"障碍"代表的是人类行为变异程度较高的一端，而非遗传下来的单独的"东西"。没有人会遗传心理疾病，我们遗传的只是不同的大脑运作方式，而某些大脑的运作方式比较容易引起极端问题。

高情绪性的儿童发生内倾和外倾障碍的风险都更高，因为他们似乎更容易产生恐惧和挫折感。有些高情绪性儿童更容易内化他们的情绪，他们会将自己的恐惧和不安埋在心里，导致焦虑或抑郁的发生率升高。而有些高情绪性儿童容易把受挫的情绪向外展现，导致做出打人、乱扔东西或其他暴躁的行为。如果这些行为足够严重，就可能符合对立违抗性障碍的诊断标准。至于自控力低的儿童，根据定义，他们难以控制冲动倾向，所以患外倾障碍的风险更大，尤其是注意

缺陷多动障碍。随着年龄的增长，他们出现物质滥用的风险
更大。

接下来我将带你了解儿童最常见的内倾和外倾障碍，以帮
助你更好地认识每种疾病的相关症状。不过，在我们逐一讨
论各个诊断标准时，请一定记住，符合心理疾病的一些诊断
标准并不意味着孩子就有什么"毛病"，这只是说孩子遗传到
的大脑运作方式可能比较极端而已，他们的性格特征在连续
体中位于较高的一端。独特的基因组成可能导致他们在所处
环境中更艰难。这也意味着他们需要一些额外的帮助——比如
强度更高的行为干预——来应对挑战。在某些情况下，他们或
许还需要用一些药物来帮助他们的大脑保持适度的功能水平，
让他们可以更顺利地应对日常生活。

在我们了解下面各种症状的过程中，还要记住，被诊断患
有某种心理障碍的儿童，患有其他障碍的风险也会更大。我
们把这种情况称为共病，意思是许多行为和情绪方面的问题
同时集中出现的情况，它们有时很难区别开来。一般来说，
儿童要是有一种内倾问题（如焦虑），就会有较大风险出现其
他内倾问题（如抑郁）。类似地，被诊断患有某种外倾障碍
（如对立违抗性障碍）的儿童也更容易患上其他外倾障碍（如
注意缺陷多动障碍）。这是因为内倾障碍受共同的遗传因素影

响，也就是说，多种内倾障碍有着共同的致病基因。而外倾障碍也类似，有一些基因会提高多种外倾障碍发生的风险。

行为问题也可能产生连锁反应，某个方面的问题可能导致其他问题。例如，如果一个孩子的焦虑影响了他 / 她交朋友的能力，那就可能强化孩子的孤独感，从而诱发抑郁。或者，孩子的焦虑可能让他 / 她感到强烈的挫折感和愤怒，从而导致孩子做出对立和违抗的行为。所以在遇到孩子的行为问题时，尽早识别和求助非常重要。

内倾障碍——内在体验的挑战

焦虑

焦虑是最常被诊断出的心理问题，不管是儿童还是成人。好消息是焦虑症的治愈率很高，但问题是，许多焦虑症患者从来没有得到过治疗。一个很常见的原因是，尽管焦虑会以多种方式影响一个人的生活，但许多人没有意识到这些影响本是可以避免的，他们可以不用那么辛苦。由于没有意识到还有其他路可走，他们就认定生活在焦虑中就是他们的命运。因此，我会花较长的篇幅讨论焦虑问题，这样你就可以了解应该关注孩子身上的哪些信号。

焦虑症患者的担忧和恐惧程度非常之高，以至于会干扰日常生活。有些人错误地认为，孩子的焦虑"长大就会消失了"，或者孩子只是需要"坚强起来"。然而，焦虑并不是一个可以自行解决的问题。相反，它往往会随着时间的推移而恶化。因此，你越早寻求帮助，你的孩子就能越早学会如何管理恐惧与担忧。

你如果自己没有体验过临床级别的焦虑，那就很难理解为什么患有焦虑症的孩子不是只靠"克服一下"就能好的。我们每个人或多或少都有焦虑情绪。在尝试新事物时，我们可能感到紧张或害怕。在上台表演或在观众面前演讲之前，感到有点焦虑也是正常的。在不同情境中感受到多大的焦虑情绪，是你的遗传性格（也就是一个人天生容易感受到多少恐惧和担忧的倾向）和人生经验综合起来的结果。一方面，如果你已经做过十几次演讲了，那你可能就不会像第一次的时候那样紧张了。另一方面，如果你上一次演讲进行得不顺利，那么这次上台前你可能感到比较紧张。这些都是正常的人性体验。

这样讲可能令你难以置信，但有一定程度的焦虑实际上是一件好事，就是这种焦虑让我们为了考试而学习或为了演出而排练，而这些行为都是出于对表现不佳的恐惧。恐惧是我们进化出来的有用情绪。小心谨慎让人类得以生存。如果早期的人类没有恐惧感受，他们可能早就被狮子、老虎和熊吃掉了！意识到坏事可能发生是种能力，而这种能力是我们安全的保障。这种可以帮助我们生存下来的行为特征会遗传给后代，这就是为什么人类会一直保有一定水平的恐惧和担忧。

然而，焦虑的孩子的大脑在"担心"这方面过了头。他们大脑中负责处理恐惧和感知威胁的部分，也就是杏仁核（amygdala），过于活跃了。这让焦虑的孩子感到潜在的危险无处不在。他们的大脑总是对可能出现的负面结果保持着高度警惕，并且会高估坏事发生的可能性。因此，焦虑的孩子看到大海时，可能想："危险！有鲨鱼！"我们在第六章讨论过，前额叶皮层是大脑中负责做出冷静、理性反应的部分，可以帮助我们把恐惧反应控制在正常的范围内，它会提醒我们，鲨鱼袭击是极其罕见的，而且岸上还有救生员正在监视，可以保护我们的安全。但对焦虑的孩子来说，他们的前额叶皮层无法与过度活跃的杏仁核相匹敌。他们的杏仁核会不停地尖叫："危险！有鲨鱼！"这个声音淹没了一切。于是，焦虑就不受控制了，开始干扰他们的正常活动，而不仅仅是保护他们的安全。

严格来说，焦虑不是单一的。焦虑障碍是一个大类，包括：

广泛性焦虑症——特点是过度担心很多事情，包括学校、朋友、运动等各个方面；

特定恐惧症——以对特定事物或情境的强烈非理性恐惧为特征（例如，对狗或坐飞机的恐惧）；

社交焦虑障碍——以对社交情境和社交活动的强烈恐惧为特征；

强迫症——特征为不自主的侵入性想法，以及迫切要完成仪式性行为（例如连续拍打）以减轻由这些想法带来的焦虑；

惊恐障碍——以突然发作的极度恐惧为特征，通常伴有心率加快和呼吸急促等生理症状；

创伤后应激障碍——以由经历或目睹创伤性事件引起的强烈恐惧或焦虑为特征。

每种类型焦虑障碍的具体症状各不相同。为了明确诊断并制订相应的治疗计划，与专家沟通至关重要。这里列举了一些患有焦虑障碍的孩子可能出现的常见征兆，供你参考。

* 孩子似乎过分担忧很多事情，而且这种担忧似乎是夸大的吗？

* 孩子担忧的日子多吗？他们的担忧是否已开始影响你们的日常生活或活动？

* 孩子是否很难控制自己的担忧？你无论是跟他们讲道理，还是把这种担忧放在现实环境中考虑，都改变不了他们的担忧程度吗？

* 孩子的担忧是否会对他们的社交活动，如上学、与朋友互动等活动产生负面影响？

* 孩子是否会抱怨头痛或肚子痛，或者经常告诉你他们在上学或者去户外活动时感觉不舒服？

* 孩子是否有睡眠困难或经常做噩梦？

* 孩子是否过度担心其他人不喜欢自己，或担心其他人对自己的看法？

* 孩子是否拒绝上学或参加体育活动？

* 孩子是否一遇到有压力的情境，就很容易感到苦恼或愤怒？

* 你是否需要花过多的时间来安抚孩子因一个普通情境而产生的苦恼？

* 孩子是否经常表达"万一……""要是……"的担忧，

而这些担忧并不能通过一起讨论而得到缓解？

如果在以上问题中，有一个以上的答案是肯定的，请考虑寻求专业帮助。

最后要记住的一件事是，有的孩子，特别是男孩，会用不当行为来表达自己的焦虑。这可能让人很困惑，因为我们会搞不清孩子内倾行为（他们的内心体验）和外倾行为（他们的外在表现）之间的界限。他们可能不会说"上学让我很紧张"，而是会在你们准备上公共汽车时扔下书本，挑衅地宣称："我不要去上学，你不要逼我！"那些以发怒或发脾气来表现潜在焦虑的孩子最终可能引起父母的愤怒和惩罚，而非同理心。父母可能要花很多时间才能弄清楚，这种行为的背后其实掩藏的是孩子的焦虑情绪。如果你发现孩子的情绪爆发碰巧总是与社交情境有关（上学，参加运动、夏令营或学校演出等），那么这种行为的根本原因实际上可能就是焦虑。

抑郁

每个人都有悲伤或沮丧的时候，但抑郁症患者的悲伤是持续的，而且会干扰他们的日常生活。与焦虑障碍类似，抑郁障碍也有许多种，但当人们谈及抑郁症时，他们通常指的是重度抑郁障碍（major depressive disorder，MDD）。重度抑郁障碍的抑郁期会持续两周以上。因为抑郁障碍在儿童中不像焦虑障碍那么常见，所以这部分的介绍会简单一些。但是，有许多儿童的焦虑障碍在他们进入青春期后会发展成抑郁障碍。此外，抑郁障碍在女孩中更常见。

以下是孩子可能患有抑郁障碍的一些迹象。

* 孩子是否经常难过、双眼含泪，或经常大哭？

* 孩子是否对他们过去喜欢的活动失去了兴趣？

* 孩子是否不愿参加社交活动？

* 孩子是否难以集中注意力？

* 孩子是否表达过绝望的感受？

* 孩子是否自尊心低或对自己的评价很苛刻（例如，我不好、我永远交不到朋友、我很丑）？

* 孩子的饮食或睡眠模式是否出现了重大改变？

* 孩子是否说过想死？

* 孩子是否变得易怒或脾气暴躁？

* 孩子是否精力下降了？

* 孩子是否有许多没有明显原因的疼痛？

你会发现，一些抑郁的症状与焦虑是重叠的，例如，易怒、睡眠问题，以及头痛或肚子痛。这再次反映了抑郁和焦虑虽然在临床上被诊断为两种不同的疾病，但实际上却有着共同的潜在影响基因。有些人通过遗传得到的是一种内倾的体质，也就是容易将恐惧、担忧或痛苦等强烈情绪向内转化的倾向。在有些人身上，这种倾向更多地表现为焦虑，而在另一些人身上，则表现为抑郁。随着时间的推移，这种内倾倾向在同一个人身上的表现也可能有所不同，例如在成长的某个阶段表现为焦虑，在另一个阶段表现为抑郁。这就是为什么焦虑障碍和抑郁障碍的患者应该尽早寻求帮助。

认知行为疗法是一种公认的、以科学为依据的治疗焦虑和抑郁（以及其他心理疾病）的方法，其疗效已经得到证实。这种疗法能帮助个体认识自己的思维模式，学会控制消极思维和担忧，并修正行为上的反应。通过这种方法，个体可以了解大脑是如何运作的，并掌握更好的应对技巧（以及建立新的大脑连接）。例如，个体可以不再让大脑大喊"危险！有鲨鱼！"并任由自己陷入恐慌，而是学会觉察到大脑的过度担忧（或抑郁障碍患者大脑的消极思维），然后通过加强前额叶皮层反应，以抑制这种天生倾向，从而建立新的、更理性的以及更具适应性的反应机制。

外倾障碍——表现于外的挑战

对立违抗性障碍

对立违抗性障碍是一种儿童最常被诊断出的行为障碍之一。患有对立违抗性障碍的儿童往往情绪性水平高，自控力水平低。他们很难处理自己的沮丧和愤怒，也很难控制自己对强烈情绪的反应。对立违抗性障碍的特征是出现消极、敌对行为的模式，且持续至少6个月。但是这并不是说你的孩子在6个月内偶尔出现了违抗行为，就有对立违抗性障碍。（因为几乎所有父母或多或少都经历过孩子不听话的情况！）这个时间段的意义在于，只有持续出现行为问题时，医生才会凭借这个标准做出诊断。如果儿童满足以下情况中的四条及以上，则考虑他们存在对立违抗性障碍。

*孩子是否经常发脾气?

*孩子是否经常生气和愤恨?

*孩子是否经常和大人顶嘴?

*孩子是否经常违抗或拒绝遵守大人提出的指令或规则?

*孩子是否经常故意惹恼他人?

*孩子是否经常就自己的错误责怪他人?

* 孩子是否经常对别人心怀恶意或想要报复？

所有的孩子都有调皮的时候。只有当孩子挑战性行为的持续时间和程度甚于同年龄段和发育阶段孩子的一般情况时，才能被诊断为对立违抗性障碍。再次强调，这并不是说孩子有什么"毛病"（尽管被孩子暴脾气吓坏的家长可能有这种担忧），这只是意味着孩子的情绪性水平高，且还没有管理这种情绪的能力。

对立违抗性障碍的治疗需要采用在第五章讨论的针对高情绪性孩子的策略，且需要父母配合，让父母了解孩子的问题是缺乏管理情绪的技巧，他们并非故意操纵、违抗大人。此外，父母还需要找出触发因素，和孩子齐心协力，制订解决问题的策略。被诊断为对立违抗性障碍的儿童患注意缺陷多动障碍的风险也比较大，因为高冲动性会增加患其他外倾障碍的风险。患有对立违抗性障碍的儿童后续患上焦虑障碍或抑郁障碍的概率也更大，原因同样在于孩子以极端行为表现负面情绪而导致的负面反馈循环。孩子的行为可能使他们在家庭生活、学校生活或同伴相处中遭遇挑战，促使他们内化被孤立和失望的感受，从而引发焦虑或抑郁。所以，尽早得到帮助非常重要。

注意缺陷多动障碍

　　注意缺陷多动障碍也常被称为多动症，一般起源于儿童时期。与同龄儿童相比，患注意缺陷多动障碍的儿童通常难以集中注意力，注意力集中时间也更短暂，并且容易活动过度，简言之，这些孩子难以控制自己的冲动。男孩符合该疾病诊断标准的比例比女孩高。根据定义，注意缺陷多动障碍儿童的自控力比较低，就像我们在第六章讨论的那样，他们大脑的构造是不同的。患有注意缺陷多动障碍的儿童更难专注于他们觉得无聊的任务，他们往往没有考虑后果就采取行动，而且经常比同龄孩子更加坐不住、活跃、停不下来。许多患有此种障碍的儿童会同时在注意力和冲动两方面遇到困难，但有些孩子的问题可能主要是注意力不集中或者活动过度二者之一，而不是都有。

　　以下是注意力不集中的常见表现（诊断需要符合以下条目中的 6 项以上）。

* 孩子是否无法仔细注意细节或容易犯粗心的错误？
* 孩子是否经常难以将注意力集中在当下的任务或游戏活动上？
* 当有人和孩子说话时，孩子是否经常没在听？

*孩子是否经常完不成作业？

*孩子是否难以有组织地安排任务或活动？

*孩子是否会逃避或不喜欢需要长时间保持注意力的任务
（如写作业）？

*孩子是否经常丢失任务或活动所需的物品（例如教材、笔、
其他书本、尺子、钱包、钥匙、作业、眼镜、手机）？

*孩子是否经常容易分心？

*孩子在日常活动中是否经常忘事？

下面列出的是活动过度和冲动的常见表现。符合6项以上
的条目至少6个月，并且这些条目所描述的状况与孩子的发展
阶段不相符，才可以做出诊断。

*孩子是否经常坐立不安、有小动作或在座位上扭动？

*孩子是否经常在需要一直坐好的情况下离开座位？

*孩子是否经常在不适宜的场合四处奔跑或攀爬？

*孩子是否经常无法安静地玩耍或参加休闲活动？

*孩子是否经常忙个不停，就好像"装了马达"一样？

*孩子是否经常说话说个没完？

*孩子是否经常在问题还没问完的时候就抢着说出答案？

* 孩子经常难以等候轮到自己？
* 孩子是否经常打断或干扰他人（例如打断别人的谈话或游戏）？

　　如果要确诊注意缺陷多动障碍，那么在满足上述标准以外，这些行为还必须在至少两种环境中出现（例如，在家和学校皆有，或与父母和其他照顾者相处时皆有），必须已经妨碍了孩子的日常生活，例如在家、在学校或在交友时出现了问题，才算符合条件。

是失调还是天生气质？

　　当你读完上述各种儿童常见行为失调的症状列表时，你可能发现其中有些行为跟前面讨论过的受基因影响的性格特征有重叠。例如，高度活跃和爱说话是高外向性儿童常见的特征，但这也是注意缺陷多动障碍的症状；容易受挫或脾气暴躁是高情绪性的表现，但也是对立违抗性障碍的症状；同样，容易受惊或易怒也是高情绪性儿童的特征，但这些也是内倾障碍的症状；自控力水平低的儿童难以自控，而这正是注意缺陷多动障碍的一个核心特征。

父母可能不禁想问：这些到底什么时候算作天生气质，什么时候算作疾病？如果你有这种疑惑，你只不过是把临床疾病看得太过"慎重"，而事实上并没有那么深奥。根据定义，处于行为特征较高一端的儿童更加极端，这会导致他们在为"普通"人设计的情境中遭遇困难。临床疾病代表的只是那些被确认会造成困难的行为模式。因此，如果你很担心孩子的行为会引发问题，我建议你不要把时间浪费在自己琢磨孩子到底符合不符合疾病的诊断标准上，你应该做的，是立刻去找医生或者心理治疗师谈谈。

我见过不少父母为了是否该为孩子的行为问题寻求帮助而苦恼不已。其实，用不着那么为难。作为父母，我们在大多数时候能敏感地知道什么时候应该带孩子去医院：孩子咳嗽不止或是割伤出血的时候，我们都会立马带孩子去医院；而孩子喉咙痛或者感冒发烧时，我们会观察症状，再判断是先在家熬点鸡汤多照顾几天再说，还是已经严重到了要去找医生深入检查的地步。我们不负责对孩子进行诊断（尽管我们可能已经猜到了孩子是怎么了），我们只是知道有问题了，要去寻求专业帮助。

同样，关于孩子的心理健康，我们也可以遵循类似的逻辑。例如，孩子出现了问题行为，并持续了挺长一段时间，让我们高度担心，这时我们可以决定何时带孩子去找心理医生。并不是孩子每一次发脾气就需要去预约心理医生，只有孩子一直持续可怕的情绪爆发模式，才需要做进一步的检查。前面常见的行为和情绪障碍症状列表可以帮你辨别哪里需要担心，但是没办法提供明确的答案。不过你可以记住这个原则：问题行为必须是持续发生，具有"经常""频繁"或"很常见"的特点，这是判断的重点。

因此，决定是否寻求专业帮助，最佳的经验法则就是，该行为是否造成了损害。孩子的行为是否已经干扰到自己与父母、同伴、老师之间的关系？孩子在学校是否总是遇到麻烦？孩子是否已经被同学孤立？你是否已经尽力实施本书（可能还有其他书）中讨论的策略，但仍感觉不起作用？如果你对以上任何一个问题的回答是肯定的，那就采取行动，去寻求额外的帮助吧。

另一个需要你考虑的问题是，孩子是否有行为上的改变。如果孩子平时都是个快乐的高外向性孩子，但突然开始待在房间里不愿意出来了，不愿见到朋友，也不愿进行以前喜欢的活动，那么你最好深究一下是怎么回事，试着弄清楚到底发生了什么。如果不寻常的行为模式一直持续（一般标准是至少1个月），那么你就要考虑寻求专业帮助了。

最后一点，如果孩子有任何迹象表明他们可能危害到自己或他人，你应该立即寻求帮助。这并不是说孩子一说了什么夸张的话（例如"要是我没选上，我就不想活啦！"），你就必须马上找精神科医生，而是说，你得运用你作为父母的直觉，如果感到孩子对自己或他人的威胁是真实的，那么就对孩子伸出援手并寻求专业人士的帮助。

如何获得帮助

你应该大概了解了儿童心理和行为障碍背后的逻辑，不过，如果真的想为孩子寻求帮助，该从哪里开始呢？这个问题如果有一个简单的答案就好了，但不幸的是，治疗师的素质存在着很大的差异。我不建议你随便在网上搜一个治疗师就打电话过去。拥有执业许可证并不能保证这个人就能为你的孩子提供最有效的治疗。我们对心理健康问题的研究已经走过了很长的路。我们现在知道，心理健康问题与其他生物医学疾病一样，会受到基因的影响。现在也已经发展出有实证基础且能发挥成效的循证治疗方法（evidence-based treatments）。你要确保孩子得到的是这样的帮助。

实际上，在选择心理健康方面的专业人士时，你必须做好功课。很遗憾，要想判断某个人是否是一名好的治疗师，光看其候诊室的装修水平，或者行政人员的服务水平，是看不出来的。你得跟备选的治疗师进行沟通，得问问题：

* 你推荐什么治疗方法？
* 有科学依据支持这种治疗方法吗？
* 还有其他治疗选择吗？
* 为什么你选择这种治疗方法而非其他的？

你的首要任务是找到能提供有科学支撑的干预措施的人。这个人也是将要与你发展密切合作关系的人。所以也可以将你对治疗师的印象和感受纳入考虑。你要能够感受到自己可以和治疗师发展出融洽的关系，事实上，有证据表明，这在一定程度上会影响到治疗是否有效。但请记住，你感觉对的人不一定也与你的孩子特别合拍。有一位治疗师我特别喜欢，但我的孩子认为她太像我了。所以对他来说，这位治疗师的疗法就好像是给他开了双倍剂量的"老妈小贴士"。

不要等，尽早寻求帮助

所以你的底线应该是：如果你不确定自己是否应该寻求帮助，那就去求助吧！也许你正在观察孩子的行为会不会慢慢好转，或者想看看你自己能不能找到应对的方法。想要先采取这样的行动是很正常的，但如果你发现教养书也看了，该实施的行为策略也实施了，但就是不奏效，那就别再犹豫，赶紧寻求专业人士的帮助吧。记住，孩子越早获得帮助，就能越早开始学习应对挑战的技能。

有的父母担心带孩子去看心理医生或精神科医生，自己会受到批判、指责。别担心。其实治疗师是喜欢与父母合作的！他们见过很多在痛苦中挣扎的孩子和家庭，因而不会认为寻求帮助的人是错的，他们的工作就是帮助孩子解决问题！我认识的人当中最有意愿寻求专业帮助的，就是我们这些心理健康领域的专业人士。我们都知道抚养孩子太难了，而且我们也都知道可以去获得额外的帮助，特别是从那些在儿童行为学方面有专长的人那里得到帮助。

父母犹豫的另一个原因，是担心孩子会被贴上标签。他们不希望自己的孩子被诊断为注意缺陷多动障碍或焦虑障碍。他们担心诊断可能带来病耻感。但是根据我的经验，大多数治疗师与其说在乎诊断，不如说更在乎是不是能帮助孩子和家庭克服困难。通常来说，都是父母更担心孩子是否"有"什么病，大多数医生都很清楚临床诊断所存在的问题，他们清楚地知道孩子的行为问题并不能简单地放进一个"要么全有要么全无"的框里。通常，做出诊断主要是为了医疗保险、病历记录和治疗账单。大多数医生都会避免对5岁以下儿童进行诊断。

你需要权衡这两件事：担心小孩被确诊某种"病"还是放着孩子的行为和情绪问题不治疗而对孩子造成伤害。焦虑、抑郁、对立违抗性障碍、注意缺陷多动障碍以及其他行为和情绪问题如果得不到解决，很可能造成严重的不良后果，从而影响亲子关系、孩子的社交能力以及在校表现。这些困难会让问题进一步恶化，因为孩子会对自己在世上的处境越来越失望。为孩子寻求帮助可以打破这种负面循环，让孩子学会所需要的技巧，以便能够交到好朋友，在学校表现更好，更重要的是，他们可以与你——他们的家人建立更好的亲子关系。

对某些儿童（和成人）来说，明确诊断实际上可以帮助他们确认所感受到的东西是"真实的"。这会让他们理解，有许多人和他们一样都在这些困境中挣扎。受到影响的个人和家庭能借此认识到他们并不孤单，并了解到可以通过治疗让情况好起来。对许多人来说，诊断实际上带来了希望，特别是当我们能够以第三章讨论成长的心态来看待这件事时。

某些家长可能还有一种担忧，那就是寻求心理医生这样的专业帮助可能要花费不少钱。在你向可能要选择的治疗师进行咨询时，你们也应该讨论费用和付款方式。很多治疗师的服务在保险范围内，包括医疗补助计划（Medicaid）或是美国老年人医疗保险^①（Medicare），但有的则不在其中。一些诊所的收费标准比较灵活，一些私人诊所甚至提供部分无偿的公益治疗服务。如果你认为治疗费用值得斟酌，就在向治疗师咨询时大大方方地提出来。如果该治疗师或该诊所不适合你的财务状况，他们也可能给你推荐其他更经济的或是付款方式更灵活的专业人士。

实际上，我们所有人在教养子女时都可以主动寻求帮助。对有的人来说，读读教养书、与朋友聊聊就足够了。但是，如果孩子天生的性格就更具挑战性，尤其是当孩子的性格已经影响到了他们正常的生活或家庭关系时，父母应该毫不犹

① 两者均为美国的医疗保险制度。医疗补助计划针对符合条件的低收入成年人、儿童、孕妇、老年人及残障人士。美国老年人医疗保险针对 65 岁以下有特定障碍或 65 岁以上的人，及所有年龄段的终末期肾病患者。——译者注

豫地去寻求额外的帮助。找一位能够与你合作的专业人士，帮你实施有科学依据的策略，让孩子的短板得到改善，这可能就是你急需的"救命"稻草。

要点

- 行为和情绪问题在儿童中非常常见，焦虑和行为失调（对立违抗性障碍、注意缺陷多动障碍）最常见，其次是抑郁。

- 心理疾病的界定并不精确。正常行为和行为失调之间并没有明确的界限。

- 父母是否要为孩子寻求帮助的最关键指标是，孩子的行为是否已经造成了损害。换言之，孩子的行为是否已经在家中、伙伴间、学校里引起了麻烦？

- 越早为孩子的行为或情绪问题寻求帮助，孩子就能越早开始学习应对这些挑战的技巧。所以，不要等待！如果不加以治疗，许多儿童的行为和情绪问题会随着时间的推移而恶化。

第九章

- - - - - - - - -

把所有这些放在一起：一种全新的教养方法

自从有了孩子，我在校长办公室里待的时间，比我自己当学生的 28 年内的加起来还要多，这在我家中一直是个笑话。我的理想人生计划可不是这个样子，因为我从小成绩优异，还拥有多个心理学学位。因此，如果你的孩子不是你想象中的样子，你并不孤单。我已经是儿童行为学领域所谓的"专家"了，而我在育儿之路上仍是跌跌撞撞（我丈夫一直觉得这很好笑）。

事实上，作为父母，你只需要尽自己最大的努力就行了。你不用为你孩子的行为负责。等等，什么？不对我孩子的行为负责？这好像与我们的直觉背道而驰。但是，任何人只要曾经试过把一个扭动不停的小宝宝扣到儿童汽车座椅上，就会意识到，强行让任何人顺己意去做任何事情都很困难——不管那人的个头是大还是小。

帮助和教育孩子是你的职责。但学以致用是孩子的职责。所以你要对自己仁慈一点，对其他父母也是。虽然这有点让人难以接受，但是孩子的许多行为最终都是我们无法掌控的。我们只能引导和帮助他们，但无法控制他们。毕竟，他们的行为方式、他们要成为什么样的人，都是他们自己的选择。事实上，在孩子成长的过程中，我们可能不得不一次次提醒自己，我们又退回到了"塑造子女"的角色里，忘记了我们的孩子对他们自己的命运有多么大的掌控权。

让我们来畅想一下，如果整个世界都已经内化了这样一个事实——父母无法掌控孩子的行为，养育子女会变成什么样。在那样的世界里，我们会尽最大的努力去培养、照顾孩子，但当他们在商店里大闹脾气时，我们不会感到无比的内疚。当孩子在生日聚会上噘着嘴躲到角落时，我们不会感受到来自他人指指点点的沉重。我们作为家长不会为难彼此，而是互相支持、交换意见，并认识到每个孩子都是不同的。如果有一位家长试着用另一位家长"超有效"的方法教养孩子，可是效果完全适得其反，我们会和其他家长一起惊叹和大笑，而不会认为一定是家长做错了什么。我们会将我们的育儿理

念作为建议，而非圣旨，因为我们能认识到对一个孩子有效
的东西可能对另一个孩子——包括其兄弟姐妹——无效！我们
会认识到，如果我们的孩子"乖巧好带"、行为良好，那是因
为我们很幸运，孩子的表现良好不只是因为我们出色的教养
方式，还与孩子自身的天生气质有很大的关系。我们会对那
些孩子不太好带的家长抱有同情心，并知道，是那小小的基
因骰子给他们的生活设置了更大的挑战。在孩子行为不良或
遇到困难时，我们会去支持孩子的家长，而不是去评判他们。

如果这样的世界听起来似乎很不切实际，那只是因为我们
让弗洛伊德，让我们的母亲，以及让所有那些所谓的"专家"
来告诉我们应该怎么为人父母，来主导我们的叙事。随着科
学的发展，我们已经改变了对自闭症病因的看法（不，那不
是由冷漠的母亲引起的），同样地，是时候该改变我们对儿童
行为的看法了，当孩子不完美时，不要去责备父母。小孩不
乖并不是教养方式的错误，而是因为他们还只是孩子。有些
孩子天生就比其他孩子更易冲动、更情绪化、更叛逆、更易
沮丧。如果能够接纳儿童个体差异并好好运用其背后的科学，
我们就可以创造一种更具支持性、更少评判性的育儿文化。

在儿童发展科学的文献中，有一个被称为"足够好"的
养育概念[1]。这个概念说的是，作为父母，我们不必一丝不苟

地按照某种计划养育小孩，孩子还是能成长得不错。"超级教养"并不会把孩子塑造成"超级生物"。如果一个孩子的基因让他是个矮个子，那么你给他吃再多的东西，他可能也长不到 1.8 米。但要是你不给孩子补充适当的营养，孩子可能无法成长到基因给他们的"应有"体格。如果环境因素保持在正常范围内，孩子长大后总会成为他们自己本该成为的样子，而这在很大程度上取决于他们独特的基因密码。我们的工作就是去做得"足够好"，让孩子有机会茁壮成长。

我要澄清一下，"足够好"的教养并不是说父母所做的就不重要，父母在很多关键方面是很重要的——但许多时候这些反而不是我们大多数人花时间担心的方面。我们的孩子将来会成为什么样的人，并不取决于我们是否允许孩子吃奶嘴，或者我们如何训练孩子上厕所，或者我们允许孩子使用电子产品多长时间。（尽管让孩子每天都在电视机前坐一天也不是个好主意。）请记住：我们孩子的体内已经有了基因密码，这些编码可以让他们成长为成熟的人类，拥有着人类具有的所有令人目眩和惊奇的特征。不管媒体、长辈、朋友们怎么说，我们身为父母所烦恼的绝大多数事情对我们孩子将来的大局来说，根本没那么重要，重要的部分已经被孩子的基因影响了。

但我们还是有很多方法成为好父母，比"足够好"还要更好。做一个好家长首先要从基因层次来认识孩子。通过接纳并钟爱孩子的本色，你可以帮助他们成长为最好的自己，即使那可能不是你最初想象孩子会成为的那个样子。

了解孩子的独特代码可以帮助你灵活地调整教养方式，帮助他们成长为最好的自己。你可以帮助孩子发现并强化自己的优势，并与他们一起努力改善容易遭遇挑战的地方。如果你了解哪些部分是你可以掌控的，哪些部分是你不能掌控的，就可以利用这些知识帮助孩子把自己的潜力发挥出来。但如果你试图"改变"你的孩子，麻烦就来了。如果你一直不停地念叨希望孩子长得高，并强迫他一直吃很多东西，那只会让基因倾向于矮个子的孩子感觉自己很糟糕。用身高来举例，道理似乎就很明显，而在行为方面其实也是同样的道理。

读到这里，希望你已经能感受到自己的力量了！科学，是站在你这一边的。你更好地了解了孩子，以及他们独特的基因密码是如何影响他们发展的。你也了解了你自己的基因型如何影响了你的气质、倾向以及你与孩子互动的方式。你会感觉压力没有那么大了，因为你知道世界上没有所谓的完美教养方式。你能够灵活地调整教养方式去适应孩子，减少挫折和压力源，并且聚焦于对双方都最重要的那些事情。你知道自己已经尽了最大努力，但你终究无法控制孩子，且并不能对孩子的行为和结局负责。你学会了要去留意孩子的哪些迹象，你也知道什么时候需要去寻求帮助。

但也许，你正感到不知所措。你可能觉得，不能掌控孩子的行为和生活结局是件很恐怖的事，又或者因为你的孩子就是问题比较多的那一位，你不禁感到灰心。这些也许会让你质疑，如果没办法以你想象的方式来塑造孩子，那么你为什么要花那么多时间和精力在孩子身上呢？

如果你有这种感觉，那么可以试着想象一下，如果我们谈论的不是你的孩子，而是你的伴侣，或者一位亲密的朋友。你应该也会花很多时间和他们在一起，但你之所以花时间跟他们相处，大概是因为你爱他们，想和他们建立一种关系，而不是试图改变他们，或者把他们塑造成你想要的人。如果你婚姻美满（或者起码还在已婚状态），那很可能你早就已经放弃了试图改变另一半的想法，你已经学会了尊重边界，建立了一种考虑到双方需求、欲望和个性的关系。亲密、持久的友谊也是如此。

就像你的伴侣或你最好的朋友一样，你的孩子也是属于他们自己的独立的人。一个小一点儿的人，当然，也是一个需要你帮助他们成长为自己的人。同时，他们也是独一无二的人，是需要你去慢慢了解的人，他们会有一些地方让你非常喜欢，还有一些地方，嗯，让你不那么喜欢。就像生命中其他你所爱的人一样，你的孩子是一个你有机会与之建立关系的人，这种关系的质量和性质在很大程度上取决于你是否接纳他，是否无条件地爱他。

好的教养并不意味着你要做得很多。而是你要找出什么对你的孩子来说——也就是对其独特的基因密码来说，是最合适的，因为它会在孩子所有的发展阶段都展现出来。儿童发展的特点是稳定和变化两者兼具。基因在很大程度上影响的是儿童在整个发展过程中保持稳定的部分，但儿童的各种倾向在不同年龄段的展现和表达方式将不断变化。其变化取决于你将他们引导往哪一个方向，以及他们所处环境的许多其他方面。其变化还将取决于孩子与同伴、老师、教练的相处以及其他生活事件——其中有些你可以影响，有些你不能。

于我而言，身为父母最难的事情就是面对孩子身上大量我无法掌控的事情，我需要去承认、学会接纳，并与之共存。在我和朋友们 20 多岁，都还没有结婚生小孩之前，我们有一个宏伟的计划，那就是就算以后生了孩子，我们也要一起把孩子放在背包里，继续旅行、露营、环游世界（那时我住在美国阿拉斯加）。在我们这群朋友中，有些人做到了，而其他人则被困在家里，看护患了疝气的孩子，管着脾气暴躁而无法外出旅行的孩子，或照顾有发育障碍的孩子。

试图控制孩子，忽视了人类行为的基本规律。这只会给你和孩子带来挫折感。最坏的情况是，过于努力地按照你的意愿去塑造孩子，不仅会阻碍孩子成长，还会损害你和孩子的关系。孩子终究要学会如何管理自己的天生气质和个性倾向。作为父母，你能做的最棒的一件事就是帮助孩子完成这个过程。而这就需要放手让孩子去体验自己做出的各种决定所带来的好的、不好的结果。他们如果没有机会尝试和失败，就无法学会如何在未来做得更好。

作为父母，你在孩子的成长过程中可以予以支持和鼓励。随着年龄增长，孩子的决定就会有更重的分量，会引发更多的潜在后果，所以他们需要从小时候就开始练习。无论我们有多爱孩子，我们也不能一直陪伴在他们身边，替他们承担一切。我们也不应该那样做。也许最终，我们能给孩子的最好礼物就是放手，让他们成为自己，让他们独一无二的基因密码放声歌唱，而这歌声会与我们的不同。不管怎样，去欣赏这场音乐会吧，即使它可能不是我们最初期盼的那场。

致 谢

我由衷感激让这本书得以面世的人们。

致我的同事埃弗里特·沃辛顿（Everett Worthington），你是第一个跟我讨论写书的种种细节的人。感谢你慷慨花费时间，同我分享资料，并让我踏上了这段旅程。

致我的经纪人卡罗琳·萨瓦雷塞（Carolyn Savarese），是你把我的一个想法变成了这本书！感谢你看到了、实现了我的愿景，还让其他人也看到了它的潜力，并在整个过程中都作为我的支持者。感谢你使我梦想成真。

致我的编辑露西娅·沃森（Lucia Watson），以及埃弗里出版社和企鹅兰登书屋的整个团队。是你们让整个过程那么有趣而且顺利！我期待着今后有更多新的尝试和合作。谢谢你，露西娅，谢谢你相信我并且帮助我完善这本书。

致我的父母丹·迪克（Dan Dick）和林恩·迪克（Lynn

Dick），感谢你们一直以来对我的爱和信任，一直鼓励、支持我追寻梦想。你们总是第一个庆祝我的成就，就算事情不顺利，你们也会陪着我。希望每个人都能幸运地拥有像你们这样的父母。

致我的丈夫凯西（Casey），你在方方面面充实了我的生活，包括把美好的女儿诺拉（Nora）带进了我的生活。早在我开始写这本书之前，你就有了关于这本书的愿景。感谢你的善良、耐心和支持，你是一位出色的丈夫和父亲，感谢你提了那么多意见帮我拓展思路（即使我经常不想听），感谢你做我热情的拥护者，感谢你给我的生活带来如此多的快乐。

致我美好的孩子们，艾当（Aidan）和诺拉，两个如此不同的、特别的孩子。我非常期待你们独特的未来旅程。艾当，在我有你之前，我以为自己在教育方面已经无所不知了！感谢你让我成为一位母亲，在我失误的时候给予耐心，感谢你和我一起分享这段旅程。我以你一路走来的成果为荣，我以你将要长成的模样为傲。

致我的妹妹雅尼娜（Jeanine）和弟弟布赖恩 (Bryan)，你们在我所有的冒险中一直陪着我。还有你们的伴侣，约翰（John）和阿普丽尔（April），欢迎融入这个亲密的大家族。和你们一起分享在养育有强大迪克家族基因小家伙时的那些令人抓狂的事情，是我的一大乐事。

致我的婆婆苏珊（Susan）和小姑子芭芭拉（Barbara），感谢你们关心我并在我心情不好时陪伴我。我和凯西结婚，加入了这个家庭，是我中的头奖。

致我的朋友们，你们让我的育儿之旅更加丰富多彩。我没有把你们的名字都列在这里，因为我怕遗漏任何一位，但我知道你们心知肚明。感谢你们分享了自己的故事，倾听了我的故事，感谢你们作为我快乐和能量的源泉。教养之所以有那么多乐趣，一部分原因就是我们能和朋友一起分享那些好的坏的和尴尬的事情。特别感谢格蕾琴·温特施泰因（Gretchen Winterstein），谢谢你为本书前几章提供的建设性意见，你在我人生的各个阶段都是一位坚定的朋友，这可以追溯到我们大一第一周的偶然相遇。也谢谢我亲爱的朋友斯特凡妮·戴维斯·米歇尔曼（Stephanie Davis Michelman），谢谢你同意我在书中分享你的教养故事。

致我的行为遗传学导师，已故的欧文·戈特斯曼（Irving Gottesman）——是你在我本科时把我带入了这一领域——以及理查德·罗斯（Richard Rose），我的研究生时的导师。两位导师都对我的人生产生了巨大的影响，我永远心存感激。感谢我的同事、朋友且同为家长的杰西卡·萨尔瓦托雷

（Jessica Salvatore），她看过这本书的初稿之后给我提供了宝贵的意见，并慷慨地让我添加了她的教养故事。致我的 EDGE（Examining Development，Genes，and Environment， 发展、基因、环境检测实验室）实验室团队：感谢你们倾听了数不清的关于我孩子的故事，以及纵容了我对尝试新事物的永不熄灭的热情。我还要感谢所有毕生致力于发现知识的研究人员。我自己也是受惠于无数投身于科学研究的前辈，是他们做出的那些研究，总结出的那些知识，塑造了我的思想、我的教养方式，以及这本书。请相信，这本书是对你们所有辛勤工作的致敬，尽管它不太像我们典型的学术成果。

最后，致我亲爱的朋友马歇尔·林奇（Marshall Lynch）。我该从何说起呢？你对这本书的贡献如此之大，简直应该给你署名！你知道你对本书的影响是自始至终的，这本书是通过我们周六早上的咖啡会、新型冠状肺炎病毒疫情期间的视频沟通，以及我们对孩子、生活的无数个小时的讨论中磨出来的。感谢你读了这本书每一版草稿中的每一个章节，感谢你在这个项目的每一环节都担任着我的搭档。你总是关照着你生活中的每个事物和每个人，我在本书的创作中因你而受益匪浅。我非常感谢你的友谊。

　　还有你们，我的读者，也许你们正在"战壕"里养育着你们那独特的小人儿。我懂你们。你们身边这个小小的"甜蜜负担"促使你们必须全力以赴，我可以体会到这种感觉。感谢你们读到最后，这本书就是写给你们的。

推荐阅读资料

正如我在开头指出的，本书旨在为家长们提供友好的指南，而不是对学术文献的综述。在这里，我提供了一些推荐阅读的书，也就本书中所涵盖的研究提供了更多信息，还有其他一些我认为会有帮助的育儿书。

气质

如果你要找一篇关于气质研究的学术综述，我强烈推荐玛丽·K. 罗特巴特（Mary K. Rothbart）的《成为我们自己：发展中的气质和人格》（*Becoming Who We Are: Temperament and Personality in Development*, 2012）。罗特巴特博士是一位退休的杰出教授，她是世界著名的气质研究专家之一。这本书对大量有关气质方面的文献进行了深入的综述，其中也包括许多在本书中提到的研究。该书还附有大量的科学参考资料。

由芭芭拉·K. 基奥（Barbara K. Keogh）博士编写的《课堂气质：理解个体差异》（*Temperament in the Classroom: Understanding Individual Differences*, 2002）也对气质研究领域的文献进行了非常好的综述，并且更详细地介绍了"气质在学校中如何呈现"的研究。

行为遗传学

如果你正在寻找一本提供有关行为遗传学领域研究方法和研究结果的学术书，我推荐《行为遗传学（第七版）》（*Behavioral Genetics*, 2017）。这是一本由瓦莱丽·诺皮克（Valerie Knopik）、杰纳·奈德希瑟（Jenae Neiderhiser）、约翰·德弗里斯（John DeFries）和罗伯特·普洛明（Robert Plomin）共同编写的综合性教科书。

如果你想找一本面向普通读者的更易读的书，我推荐罗伯特·普洛明的《蓝图：DNA 究竟如何塑造我们的性格、智力和行为？》（*Blueprint: How DNA Makes Us Who We Are?*, 2018）。

育儿书籍

这里列有我最喜欢的一部分育儿书,这些书是循证过的,在我教养孩子之旅中也给了我帮助。高情绪性儿童的家长尤其可能受益于这些书。

托马斯·W. 费伦(Thomas W. Phelan)博士的《"1、2、3"的魔法:全新的平静、高效、快乐三步育儿法》第六版(*1-2-3 Magic: The New Three-Step Discipline for Calm, Effective, and Happy Parenting*, 2016)。

罗斯·W. 格林(Ross W. Greene)博士的《暴脾气小孩:教养执拗、易怒孩子的新方法》(*The Explosive Child: A New Approach for Understanding and Parenting Easily Frustrated, Chronically Inflexible Children*, 2005)。

塔玛·E. 琼斯基(Tamar E. Chansky)博士的《让孩子远离焦虑:帮助孩子摆脱不安、害怕与恐惧的心理课》修订本(*Freeing Your Child from Anxiety: Powerful Strategies to Overcome Fears, Worries, and phobias*, 2014)。

美国耶鲁大学育儿中心和儿童行为诊所(Yale Parenting Center and Child Conduct Clinic)主任艾伦·E. 卡兹丁(Alan E. Kazdin)博士的《养育违抗儿童的卡兹丁方法:不吃

药，不用心理治疗，无须意志较量》（*The Kazdin Method for Parenting the Defiant Child: With No Pills, No Therapy, No Contest of Wills*, 2009）。

雷克斯·福汉德（Rex Forehand）博士、尼古拉斯·朗（Nicholas Long）博士的《不较劲的养育：5周教育方案，让孩子有个性却不任性》最新修订本（*Parenting the Strong-Willed Child: The Clinically Proven Five-Week Program for Parents of Two- to Six-Year-Olds*, 2002）。

参考文献

导言

1　M. K. Rothbart and J. E. Bates, "Temperament," in W. Damon and N. Eisenberg, eds., *Handbook of Child Psychology: Social, Emotional, and Personality Development*, 5th ed., vol. 3 (New York, NY: John Wiley and Sons, 1998), 105– Eis

2　F. S. Collins and H. Varmus, "A New Initiative on Precision Medicine," *New England Journal of Medicine* 372, no. 9 (2015): 793-95.

第一章　先天与后天：科学时代

1　J. Lansford et al. "Bidirectional relations between parenting and behavior problems from Age 8 to 13 in nine countries," *Journal of Research on Adolescence*, 28 no.3 (2018): 571-590.

2　L. L. Heston. "Psychiatric disorders in foster home reared children of schizophrenic mothers," *British Journal of Psychiatry*, 112 (1966), 819-825.

3　P. Sullivan, K. S. Kendler, & M. C. Neale, "Schizophrenia as a complex trait: evidence from a meta-analysis of twin studies," *Archives of*

General Psychiatry 60, no.12 (2003): 1187-92.

4　K. S. Kendler et al., "An Extended Swedish National Adoption Study of Alcohol Use Disorder," *JAMA Psychiatry* 72, no. 3 (2015): 211-18.

5　D. Daniels and R. Plomin, "Origins of Individual Differences in Infant Shyness," *Developmental Psychology* 21, no. 1 (1985): 118-21.

6　R. J. Cadoret, "Adoption Studies," *Alcohol Health and Research World* 19, no. 3 (1995): 195-200.

7　K. S. Kendler et al., "A Swedish National Adoption Study of Criminality," *Psychological Medicine* 44, no. 9 (2014): 1913-25.

8　Y.-M. Hur and J. M. Craig, "Twin Registries Worldwide: An Important Resource for Scientific Research," *Twin Research and Human Genetics* 16, no. 1 (2013): -12.

9　R. J. Rose et al., "FinnTwin12 Cohort: An Updated Review," *Twin Research and Human Genetics* 22, no. 5 (2019): 302-11;M.Kaidesoja et alo, "FinnTwn16: A Longitudinal Study from Age 16 of a Population-based Finnish Twin Cohort," *Twin Research and Human Genetics* 22, no. 6 (2019): 530-39.

10　L. Lighart et al., "The Netherlands Twin Register: Longitudinal Research Based on Twin and Twin-Family Designs," *Twin Research and Human Genetics* 22, no. 6 (2019): 623-36.

11　E. C. H. Lilley, A.-T. Morris, and J. L. Silberg, "The Mid-Atkantic Twin Registry of Virginia Commonwealth University," *Twin Research and Human Genetics* 22, no. 6 (2019): 753-56.

12　K. S. Kendler, C. A. Prescott, J. Myers, and M. C. Neale, "The Structure of Genetic and Environmental Risk Factors for Common Psychiatric and Substance Use Disorders in Men and Women," *Archives of General Psychiatry* 60, no. 9 (2003): 929.

13　T. J. Bouchard Jr. and M. McGue, "Genetie and Environmental

Influences on Human Psychological Differences,"*Journal of Neurobiology* 54 (2003): 4-45.

14 M. McGue and D. T. Lykken, "Genetic Influence on Risk of Divorce," *Psychological Science* 3, no. 6 (1992): 368-73.

15 M. Bartels and D. I. Boomsma, "Born to Be Happy? The Etiology of Subjective Well- being," *Behavior Genetics* 39, no. 6 (2009): 605-15.

16 P. K. Hatemi et al., "The Genetics of Voting: An Australian Twin Study," *Behavior Genetics* 37, no. 3 (2007): 435-48.

17 T. Vance, H. H. Maes, and K. S. Kendler, "Genetic and Environmental Influences on Multiple Dimensions of Religiosity: A Twin Study," *Journal of Nervous and Mental Disease* 198, no. 10 (2010): 755-61.

18 L. Eaves et al., "Comparing the Biological and Cultural Inheritance of Personality and Social Attitudes in the Virginia 30,000 Study of Twins and Their Relatives, *Twin Research* 2 (1999): 62-80.

19 Y. E. Willems et al., "The Heritability of Self- Control: A Meta-Analysis," *Neuroscience Biobehavioral Review* 100 (2019): 324-34.

20 D. I. Boomsma et al., "Genetic and Environmental Influences on Anxious / Depression during Childhood: A Study from the Netherlands Twin Register," *Genes, Brain and Behavior* 4 (2005): 466-81.

21 B. C. Haberstick et al., "Contributions of Genes and Environments to Stability and Change in Externalizing and Internalizing Problems during Elementary and Middle School," *Behavior Genetics* 35, no. 4 (2005): 381-96.

22 E. Turkheimer, "Three Laws of Behavior Genetics and What They Mean," *Current Directions in Psychological Science* 9, no. 5 (2000): 160-64.

23 Nancy Segal, Born Together–Reared Apart: The Landmark Minnesota Twin Study (Cambridge, MA: Harvard University Press, 2012); see

also: https:// mctfr.psych.umn.edu/ research / UM% 20research.html.

第二章　基因如何影响我们的人生

1　R. Sapolsky, "A Gene for Nothing," Discover magazine, September 30, 1997.

2　H. Begleiter et al., "The Collaborative Study on the Genetics of Alcoholism," *Alcohol and Health Research World* 19 (1995): 228-36.

3　S. Scarr and K. McCartney, "How People Make Their Own Environments: A Theory of Genotype Greater than Environment Effects," *Child Development* 54, no. 2 (1983): 424-35.

4　R. Plomin and S. von Stumm, "The New Genetics of Intelligence," *Nature Reviews Genetics* 19, no. 3 (2018): 148-59.

5　C. Tuvblad and L. A. Baker, "Human Aggression across the Lifespan: Genetic Propensities and Environmental Moderators," *Advances in Genetics* 75 (2011): 171-214.

6　D. M. Dick, "Gene-environment Interaction in Psychological Traits and Disorders,"*Annual Review of Clinical Psychology* 7 (2011): 383-409.

第三章　了解孩子：气质的三大维度

1　S. Chess and A. Thomas, *Goodness of Fit: Clinical Applications for Infancy through Adult Life* (Philadelphia: Bruner / Mazel, 1999).

2　Carol S. Dweck, Ph.D., *Mindset: The New Psychology of Success* (New York: Ballantine Books, 2007).

第六章 努力控制："Ef"因素

1　Walter Mischel, *The Marshmallow Test: Why Self-Control Is the Engine of Success* (Boston: Little, Brown, 2015).

2 T. E. Moffitt et al., "A Gradient of Childhood Self-control Predicts Health, Wealth, and Public Safety,"*Proceedings of the National Academy of Sciences of the United States* 108 (2011): 2693-98

第七章　认识你和伴侣的教养风格

1 T. M. Achenbach, S. H. McConaughy, and C. T. Howell, "Child/Adolescent Behavioral and Emotional Problems: Implications of Cross-informant Correlations for Situational Specificity," *Psychological Bulletin* 101, no. 2 (1987): 213-32

第九章　把所有这些放在一起：一种全新的教养方法

1 S. Scarr, "Developmental Theories for the 1990s: Development and Individual Differences," *Child Development* 63, no. 1 (1992): 1–19.